煤炭高等教育"十四五"规划教材

矿物加工工程
综合实验指导书

沈　亮　主编

中国矿业大学出版社
·徐州·

图书在版编目(CIP)数据

矿物加工工程综合实验指导书 / 沈亮主编. 一徐州：中国矿业大学出版社，2023.2

ISBN 978-7-5646-5742-0

Ⅰ. ①矿… Ⅱ. ①沈… Ⅲ. ①选矿一实验 Ⅳ. ①TD9-33

中国国家版本馆 CIP 数据核字(2023)第 037374 号

书　　名　矿物加工工程综合实验指导书

主　　编　沈　亮

责任编辑　褚建萍

出版发行　中国矿业大学出版社有限责任公司

(江苏省徐州市解放南路　邮编 221008)

营销热线　(0516)83884103　83885105

出版服务　(0516)83995789　83884920

网　　址　http://www.cumtp.com　**E-mail**:cumtpvip@cumtp.com

印　　刷　江苏淮阴新华印务有限公司

开　　本　787 mm×1092 mm　1/16　**印张** 11.25　**字数** 220 千字

版次印次　2023 年 2 月第 1 版　2023 年 2 月第 1 次印刷

定　　价　32.00 元

前　言

为满足高等院校矿物加工工程及相关专业本、专科实验教学需要，我们编写了本书。本书以培养学生全面掌握矿物加工工程基本知识和技能为目的，力求涵盖矿物加工工程多方面的内容，重在实践环节的指导和实践过程的体验。

“矿物加工工程综合实验课”的设立可以让学生在实验过程中加深对所学课程的重点、难点内容的理解，更有助于提高学生的实际操作能力。本实验指导书分为37个实验，不仅涵盖了重力选矿、浮游选矿、磁电选矿、矿物加工机械、煤化学与煤质分析、矿物加工流体力学与流体机械等传统矿物加工专业实验，同时为了使学生能够熟悉矿物加工工程行业的自动控制技术，增加了可编程控制器等与选煤厂自动控制相关的实验内容。

本书在编写过程中得到了安徽理工大学材料科学与工程学院矿物加工教研室、材料科学与工程学院实验教学中心的大力支持。本书由安徽理工大学沈亮担任主编，安徽理工大学刘令云、周伟担任副主编，安徽理工大学张文利老师、陈军老师、王传真老师、朱宏政老师、吕文豹老师、钟仁玖老师、张丽亭老师参与编写本书部分内容，安徽理工大学闵凡飞教授和朱金波教授认真审阅了本书，并提出了许多宝贵意见。对这些老师的热忱支持和帮助，在此一并表示衷心的感谢！

在本书的编写过程中，编者参考了国内外专家和同行的教材、著作、研究成果等文献，在此表示感谢。由于编者水平所限，书中不当之处在所难免，恳请同行专家和读者批评指正。

编　者

2022年10月

目　录

1 摇床分选实验

摇床分选是指在一个倾斜宽阔的床面上，借助床面的不对称往复运动和薄层斜面水流的作用进行矿石分选的过程。

所有摇床基本上都是由床面、机架和传动机构三大部分组成的。其典型结构如图 1-1 所示。床面近似梯形，横向呈微倾斜，倾角不大于 10°，一般在 0.5°～5°之间；纵向自给料端至精矿端有细微向上倾斜，倾角为 1°～2°，但一般为 0°。床面用木材或铝制作，表面涂漆或用橡胶覆盖。给料槽和给水槽布置在倾斜床面坡度高的一侧。在床面上沿纵向布置有若干排床条(也称格条，俗称来复条)，床条高度自传动端向对侧逐渐降低，沿一条或两条斜线尖灭。整个床面由机架支撑或吊挂。机架安设调坡装置，可根据需要调整床面的横向倾角。在床面纵向靠近给料槽一端配有传动装置，由其带动床面做往复差动摇动。即床面前进运动时速度由慢变快，以正加速度前进；床面后退运动时速度则由快变慢，以负加速度后退。

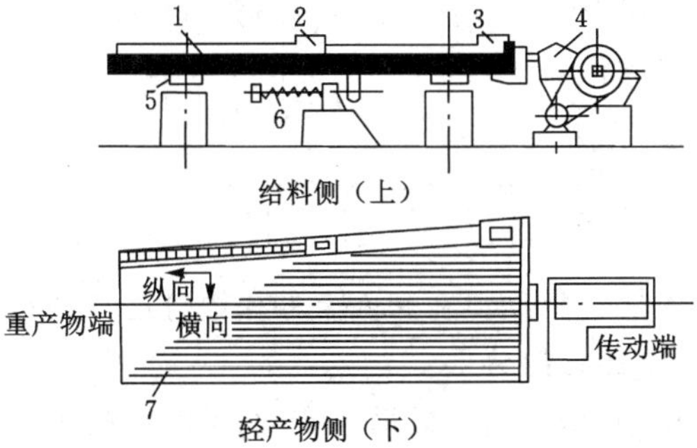

1—床面；2—冲水口；3—给料口；4—传动机构；5—支撑；6—调坡机构；7—床条。

图 1-1 摇床

矿浆给到床面后，矿粒群在床条沟内借摇动作用和水流冲洗作用产生松散和分层。不同密度和粒度矿粒沿床面的不同方向移动，分别自床面不同区间内排出(图 1-2)。最先排出的是漂浮于水面的矿泥，然后依次为：粗粒轻矿粒、细粒轻矿粒、粗粒重矿粒。最后，从床面最左端排出的是床层最底层的细粒重矿粒。

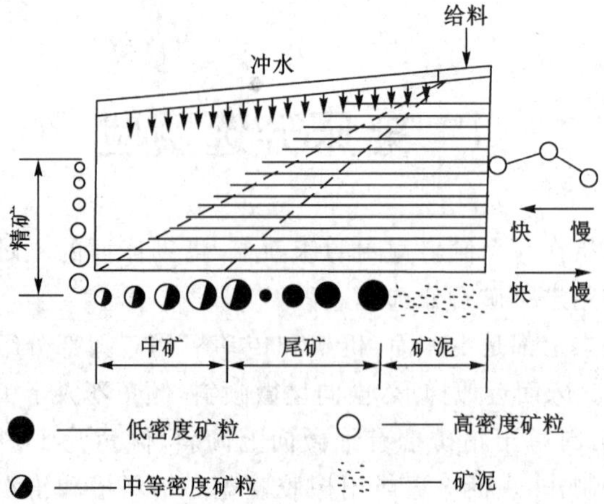

图 1-2 摇床工作过程

1.1 实验目的

(1) 了解摇床的结构和工作原理,验证摇床分选的基本理论。

(2) 观察分选过程中物料在床面上的扇形分布情况,了解影响摇床分选效果的主要因素与调节方法。

1.2 实验原理

摇床分选过程主要包括物料在床面上的松散分层和物料在床面上的分带。

1.2.1 物料在床面上的松散分层

在摇床分选过程中,水流沿床面横向流动,不断跨越床面隔条。每经过一个隔条即发生一次水跃。水跃产生的涡流在靠近下游隔条的边沿形成上升流,而在沟槽中间形成下降流。水流的上升和下降是矿粒松散、悬浮的动力,而松散悬浮又是发生颗粒分层使得高密度颗粒转入底层的前提。由于底层颗粒密集且相对密度较大,水跃对底层的影响很小,因此在底层形成稳定的重产物层。而密度较小的粗颗粒由于局部静压强较小,不能再进入底层,于是在横向水流的推动下越过隔条向下运动。沉降速度很小的微细颗粒始终保持悬浮,随横向水流排出。

1.2.2 物料在床面上的分带

(1) 横向水流包括入料悬浮液中的水和冲洗水两部分。由于横向水流的作用,位于同一高度层的颗粒,粒度大的要比粒度小的运动快,密度小的又比密度大的运动快。这种运动差异又由于分层后不同密度和粒度颗粒占据了不同的床层高度而越加明显，低密度粗粒处在床层上方，高密度细粒处在床层下方。水流对于那些接近隔条高度的颗粒冲洗力最强，因而粗粒的低密度颗粒首先被冲下，即横向运动速度最大；沿着床层的纵向运动方向，隔条的高度逐渐降低，原来占据中间层的颗粒不断地暴露到上层，于是细粒轻产物和粗粒重产物相继被冲洗下来，沿床面的纵向产生分布梯度。

(2) 床面前冲及回撤的加速度及作用时间不同导致的床面差动运动，引起颗粒沿床面纵向运动的速度不同。特别是颗粒群分层以后更加剧了不同密度和粒度的颗粒沿床面的纵向运动差异。底层密度较高的颗粒由于与床面间的摩擦因数较大，因而具有随床面一起运动的倾向；而位于上层的颗粒由于水的润滑及所具有的相对松散的状态使其与床面间的摩擦力较小，因而随床面一起运动的趋势较弱。所以低密度颗粒尽管与床面间具有较大的横向运动速度，但综合的结果是低密度颗粒沿床面的纵向距离较短；而高密度颗粒不但沿床面的横向运动速度较小，且由于每次负加速度的作用，可以获得一段有效的前进距离。这进一步导致了轻重密度颗粒的运动差异。

颗粒在床面上的实际运动是横向运动与纵向运动的合成。运动方向是横向与纵向运动方向的向量和。颗粒的实际运动方向和床面纵轴的夹角称为偏离角θ，则有：$\tan\theta=\frac{v_y}{v_x}$，由此可见，横向速度越大，$\theta$越大。

不同颗粒每一时刻沿横向和纵向的运动速度并不一样。受隔条的阻挡，颗粒的实际轨迹是阶梯状的，颗粒的最终运动方向只能由两个方向的平均速度决定。根据前面分析，低密度、粗颗粒具有最大偏离角，高密度、细颗粒具有最小偏离角，其他颗粒介于两者之间。最终导致轻重产物产生扇形分布。扇形分带越宽，分离精度越高。而分带的宽窄由颗粒间的运动速度差异决定。

1.3 仪器设备与材料

(1) 仪器设备

实验室用摇床 1 台，天平(1 kg)1 架，物料桶 5 个，瓷盆若干，量筒 1 个(1 000 mL)，毛刷 1 把，秒表 1 块，测角仪 1 把，转速表 1 块，钢尺 1 把。

(2) 材料与试剂

3～0.5 mm(最好轻重产物之间有较大的视觉差异)混合试料。

1.4　实验过程与步骤

(1) 学习操作规程，熟悉设备结构，了解调节参数及调节方法；试运转检查，确保实验过程的顺利进行与人机安全；称取试样两份，质量各 1 kg。

(2) 选定工作参数，清扫床面，调节好冲水后确定横冲水流量；将润湿好的矿样在 2 min 内均匀地加入给料槽，调整冲水及床面倾角，使物料在床面上呈扇形分布，同时调整接料装置，分别接取各产品；待分选过程结束后，停机，继续保持冲水，清洗床面，将床面剩余颗粒归入重产物。

(3) 按照上述参数，用备用样做正式实验，接取 3 个产物。

(4) 实验结束后清理实验设备、整理实验场所。

1.5　实验数据的记录与整理

(1) 将实验条件与分选结果分别记录于表 1-1、表 1-2 中。

(2) 分析实验条件与分选结果间的关系。

(3) 编写实验报告。

表 1-1　摇床分选实验条件记录表

入料粒度 /mm	处理量 /(kg/h)	横向倾角 /(°)	冲水量 /(L/min)	冲次 /(r/min)	冲程 /mm

表 1-2　摇床分选实验结果记录表

产品	质量 /g	产率 /%	品位 /%	接料点距床尾距离 /mm
产品 1				
产品 2				
产品 3				
合计				

1.6　思考题

（1）隔条的高度沿纵向不变会发生什么现象？为什么？

（2）影响摇床分选的主要因素有哪些？如何影响？

2 矿石中磁性矿物含量的测定

磁选是在不均匀磁场中利用矿物之间的磁性差异而使不同矿物实现分离的一种选矿方法。磁选既简单又方便，不会产生额外污染。磁选法广泛地应用于黑色金属矿物的分选、有色和稀有金属矿物的精选、重介质选矿中磁性介质的回收和净化、非金属矿中含铁杂质的脱除以及垃圾与污水处理等方面。

实验室常用磁选管、磁力分析仪、感应辊式磁力分离机、强磁矿物分离仪等检测矿石中磁性矿物的含量，分离含铁矿物和非铁矿物，确定矿石磁选可选性指标，对矿床进行工艺评价，检查磁选机的工作情况等。磁选厂需要对原矿和选矿产品进行磁性分析，查明尾矿中金属损失量及原因，以改进工艺过程和磁选指标。上述磁性分析仪器中，以磁选管较为常用。

2.1 实验目的

在学习了磁选基本原理的基础上，通过矿石中磁性矿物含量的测定实验，进一步加深对磁选基本原理的理解，确定矿物磁选可选性指标。

2.2 实验原理

磁选管是用于分析矿石中强磁性矿物含量的检测设备，主要由电磁铁和在电磁铁工作间隙内移动的玻璃管组成。它利用C型铁芯和线圈组成的电磁铁产生磁场，待选矿物和水由玻璃管上端给入，强磁性矿物在通过电磁铁产生的磁场时，由于磁力的作用被吸附在磁极附近的玻璃管内壁，非磁性矿物和弱磁性矿物则由于所受磁力较弱从玻璃管下端排出。

2.3 仪器设备与材料

(1) 仪器设备

ϕ50 mm 磁选管(图 2-1)，台式天平，烘箱，200 网目筛子，塑料盆。

(2) 材料与试剂

磁铁矿。

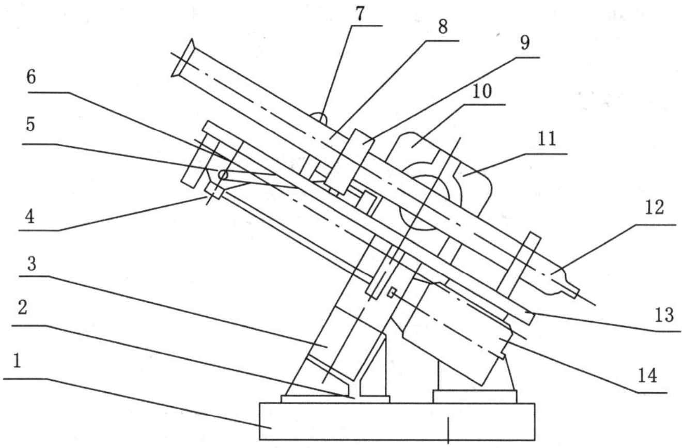

1—底座；2—支座；3—铁芯；4—蜗杆；5—蜗轮；6—曲柄；7—调节螺栓；8—铜套；9—铜箍；10—激磁绕组；11—连接环箍；12—玻璃管；13—传动支架；14—电机。

图 2-1　磁选管结构示意图

2.4　实验过程与步骤

(1) 矿物试样准备：选用某地的磁铁矿，将矿物原料破碎，磨至－200 网目占 40%～45%，将原料烘干、称重并分成若干份试样，以 15～20 g 为一个待选试样。

(2) 打开调节冲洗水管的下部和上部夹具，调节两个夹具使管内充满水，水面高于磁极头 100～200 mm，并保持稳定。

(3) 接通直流电源，开动传动装置。

(4) 将待选试样给入玻璃管，试样中磁性矿物被吸附在磁极附近的管内壁上，非磁性矿物随冲洗水从玻璃管下部排出。非磁性矿物排出，用塑料盆盛装。玻璃管的上下移动和左右回转有利于非磁性矿物排出，冲洗水连续冲洗 5～15 min 后可以停止。

(5) 关闭两个夹具，切断电流，排出磁性矿物颗粒。

(6) 将磁性矿物和非磁性矿物澄清、烘干和称重，计算试样中磁性矿物的含量。

2.5　实验数据的记录与整理

(1) 将实验数据记录于表 2-1 中。

（2）在坐标轴上作 H-γ 图，分析磁场强度 H 与强磁性矿物产率 γ 之间的关系。

（3）编写实验报告。

表 2-1　磁性矿物含量实验记录表

试样编号	原矿质量/g	磁性矿物质量/g	非磁性矿物质量/g	磁性矿物产率/%	磁场强度/(A/m)
1					
2					
3					

2.6　思考题

在采用磁选管检测强磁性矿物含量的实验过程中，哪些因素影响实验结果，即影响所得到的磁性矿物的产率？

3 跳汰选矿实验

跳汰选矿是指物料主要在垂直升降的变速介质流中，按密度差异进行分选的过程。物料在粒度和形状上的差异，对选矿结果有一定的影响。跳汰时所用的介质可以是水，也可以是空气。以水作为分选介质时，称为水力跳汰；以空气作为分选介质时，称为风力跳汰。目前，生产中以水力跳汰应用最多，故本实验仅涉及水力跳汰。

3.1 实验目的

（1）了解跳汰机的构造，观察物料在跳汰机中的床层分层现象。

（2）测定冲程、冲次，调节冲程并观察冲程对床层松散及选别的影响。

（3）研究跳汰分选与粒度的关系。

3.2 实验原理

实现跳汰过程的设备叫跳汰机。被选物料给到跳汰机筛板上，形成一个密集的物料层，这个密集的物料层称为床层。在给料的同时，从跳汰机下部透过筛板周期地给入一个上下交变水流，物料在水流的作用下进行分选。首先，在上升水流的作用下，床层逐渐松散、悬浮，这时床层中的矿粒按照其本身的特性（矿粒的密度、粒度和形状）彼此做相对运动进行分层。上升水流结束后，在休止期间（停止给入压缩空气）以及下降水流期间，床层逐渐紧密，并继续进行分层。待全部矿粒都沉降到筛面上以后，床层又恢复了紧密状态，这时大部分矿粒彼此间已失去了相对运动的可能性，分层作用几乎全部停止。只有那些极细的矿粒，还可以穿过床层的缝隙继续向下运动（钻隙运动），并继续分层。下降水流结束后，分层终止，到此，一个完整的跳汰周期结束。矿粒在每一个周期中，都只能受到一定的分选作用，经过多次重复后，分层逐渐完善。最后，密度低的矿粒集中在最上层，密度高的矿粒集中在最底层。

3.3 仪器设备与材料

(1) 仪器设备

实验室型旁动隔膜跳汰机 1 台,天平、秒表、量尺、给矿铲、螺丝刀各 1 个,瓷盘 5 个,大小瓷盆各 1 个,磁铁 1 块。

(2) 材料与试剂

粗粒级石英 3.2～1.6 mm,粗粒级磁铁矿 3.2～1.6 mm,细粒级石英 1.6～0.5 mm,细粒级磁铁矿 1.6～0.5 mm。

3.4 实验过程与步骤

3.4.1 实验室型旁动膈膜跳汰机的构造

实验室型旁动隔膜跳汰机构造如图 3-1 所示。

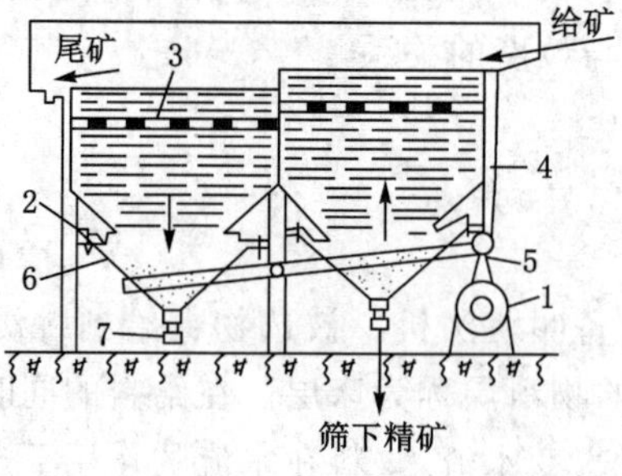

1—传动机构;2—隔膜;3—筛面;4—机架;5—摇动筛架;6—下动锥架;7—精矿阀。

图 3-1 实验室型旁动隔膜跳汰机构造

3.4.2 粒度对分选指标的影响

固定条件:冲程 8 mm 左右,冲次 300 r/min 左右,少量筛下补充水。

变化条件:粒度。

(1) 称取粗粒窄级别物料(3.2～1.6 mm 石英 150 g,磁铁矿 50 g)各 1 份,放入小瓷盆中均匀混合加水润湿后给入跳汰机的跳汰筒,轻轻打开水门使水面高出物料 40 mm 左右,关闭水门。

(2) 开动机器,注意观察物料的分层情况,记下跳汰时间(可 2～3 min),停止转动,放出跳汰箱内的水,然后小心地将分层的物料置于瓷盘内分为两份(精矿、尾矿)。烘干、称重,并将跳汰箱冲洗干净。

(3) 称取细粒窄级别物料(1.6～0.5 mm 石英 150 g,磁铁矿 50 g)各 1 份,按粗粒窄级别物料同样的实验步骤进行。开动机器注意观察,并与粗粒级的分层进行比较。

(4) 分选完后同样得到精矿、尾矿,并烘干、称重。

3.4.3 冲程对床层松散及分选指标的影响

固定条件:冲次 300 r/min,筛下补加少量水。

物料为粗粒窄级别(3.2～1.6 mm 石英 150 g,磁铁矿 50 g)各 1 份。

变化条件:冲程由 8 mm 改为 3 mm 左右。

实验方法同上,注意观察冲程对分选指标的影响。

分选所得精矿、尾矿,经过烘干后回收,不进行计算。

3.4.4 产品分析及物料回收

将上述两组实验的产品分别烘干、称重,然后用磁铁将各产品的磁铁矿分别吸出,称重。记下产品中磁铁矿质量,各产品称重后分别回收。

3.5 实验数据的记录与整理

(1) 计算指标

① 产率

$$\tau_{精}=\frac{精矿质量}{原矿质量}$$

$$\tau_{尾}=\frac{尾矿质量}{原矿质量}$$

$$\beta'_{精}=\frac{精矿中磁铁矿质量}{原矿中磁铁矿质量}\times 100\%$$

$$\beta'_{尾}=\frac{尾矿中磁铁矿质量}{原矿中磁铁矿质量}\times 100\%$$

② 回收率

$$\varepsilon_{精}=\frac{\lambda_{精}\beta_{精}}{\lambda_{精}\beta_{精}+\lambda_{尾}\beta_{尾}}\times 100\%$$

$$\varepsilon_{尾}=\frac{\lambda_{尾}\beta_{尾}}{\lambda_{精}\beta_{精}+\lambda_{尾}\beta_{尾}}\times 100\%$$

(2) 将实验或计算的有关数据填入表 3-1 中。

表 3-1　实验数据记录表

物料粒度/mm	产品名称	质量/g		产率/%		品位/%	回收率/%
		总量	Fe_3O_4	τ	β		
3.2～1.6	精矿						
	尾矿						
	原矿						
1.6～0.5	精矿						
	尾矿						
	原矿						

3.6　思考题

请根据所观察到的现象以及计算结果，分析物料粒度、冲程对分选指标的影响规律。

4 水析实验

水力分级是根据矿粒在运动介质中沉降速度的不同，将粒度级别较宽的矿粒群分成若干窄粒度级别产物的过程。按所使用介质不同，分为水力分级和风力分级。它们的分级原理是相同的。水力分级和筛分的性质相同，但筛分是比较严格地按几何尺寸进行分级的，筛分产物具有严格的粒度界限；而水力分级则是按沉降速度差进行分级的，矿粒的形状、密度以及沉降条件对按粒度分级均有影响，因而水力分级不是严格按粒度分级进行的，具有较宽的粒度范围。它们的主要区别如表 4-1 所示。

表 4-1 筛分和水力分级的比较

类别	工作原理	产品特性	工作效率	应用范围
筛分	严格按粒度分级	同级产物中粒度大小比较均匀，平均直径相同	对细粒物料筛分效率较低	大于 2～3 mm 的物料
水力分级	按沉降速度分级，密度对按粒度分级有影响	同级产物中主要是等降颗粒。大密度矿粒平均直径比小密度矿粒平均直径小	处理细粒物料效率比筛分法高	一般用于不小于 2～3 mm 的物料

分级产物的粒度与分级的界限粒度（分界粒度）是有关联的但又是不相同的概念。分级产物的粒度常以该产物的粒度范围（如 0.25～0.5 mm）表示，或以某特定粒度（如大于或小于 0.074 mm）在该产物中的含量表示。它仅说明分级产物的粒度范围，而不能表示出两种分级产品的分界粒度。分界粒度常以分级粒度和分离粒度两种方法表示。分级粒度是指按沉降速度计算的分开两种产物的临界颗粒的粒度，而分离粒度则是指实际进入沉砂和溢流中分配率各占 50% 的极窄粒级的平均粒度。凡大于分离粒度的颗粒大多进入沉砂中，小于分离粒度的颗粒大多进入溢流中。水力分级所用介质可做垂直的、接近水平的或回转运动。

在接近水平流中进行分级时，颗粒的水平运动速度可认为与水平流速相等，但因颗粒的沉降速度不同，颗粒具有不同的运动轨迹。最粗的颗粒较早地沉降下来，中等及细粒级的颗粒依次沉降下来，故在各分级室可得到不同粒度的沉砂。最细粒级由分级室末端溢出。在回转流中，颗粒根据径向速度差分离。介质的向心运动速度是决定分级粒度的基本因素。

4.1 实验目的

(1) 掌握水力分析的原理及操作方法。

(2) 用水析法测定微细矿粒的粒度特性。

4.2 实验原理

水力分析(简称水析)是借测定颗粒的沉降速度间接测量颗粒粒度组成的方法,常用于小于 0.1 mm 物料的粒度组成测定。常用的水析法有三种:重力沉降法、上升水流法和离心沉降法。测定对象是小于 0.1 mm 的物料。测定在自由沉降条件下进行,悬浮液的固体容积浓度小于 3%,按斯托克斯沉降速度公式计算,即

$$v_0=\frac{h}{t}=\frac{d^2(\delta-\rho)}{18\mu}g \tag{4-1}$$

式中,v_0 为沉降速度;h 为矿粒沉降高度;t 为矿粒沉降时间;d 为分级粒度;δ 为矿粒的密度;ρ 为介质的密度;μ 为介质的动力黏度;g 为重力加速度。

为了防止水析过程中固体颗粒团聚,通常加入水玻璃等分散剂,它们在水中的浓度是 0.01%~0.2%。

沉降法中比较简单而又可靠的方法是淘析法。淘析法的基本原理是利用逐步缩短沉降时间的方法,由细至粗、逐步地将各粒级物料从试料中淘析出来。淘析法水析装置也称萨巴宁沉降分析仪,如图 4-1 所示,淘析过程是在一个直径为 70~100 mm、高度为 150~170 mm 的玻璃杯 1 中进行的。杯内装有一根直径为 6~10 mm 的虹吸管 2。虹吸管的短管部分应插入杯内,使其管口下端距固体沉淀物料表面留有 5 mm 的距离。虹吸管另一端带有管夹 3,插入溢流收集槽 4 内。

实验前,先将分级粒度为 d 的矿粒在水中沉降 h 所需时间 t 按斯托克斯公式计算出来,再将一定量(准确称量 50~100 g)配成液固比等于 6∶1(泥质物料为 10∶1)的矿浆倒入玻璃杯中,补加清水到规定的刻度处(补加清水后最大固体容积浓度应小于 3%),用带橡皮头的玻璃棒充分搅拌。停止搅拌后使矿浆静置沉降,经过时间 t 后用虹吸管将距离液面深度小于 h 的矿浆全部吸出。显然吸出的矿浆中全是粒度小于分级粒度的矿粒,但是遗留在杯中的沉淀物内还会有一部分未能吸出的小于分级粒度的矿粒,应再往杯中补加清水,然后重复上述

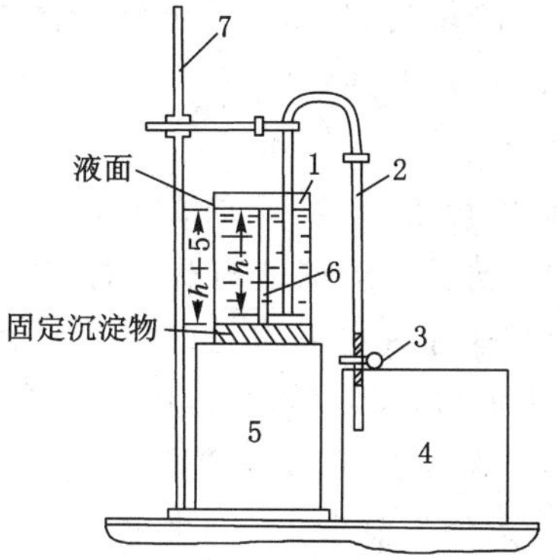

1—玻璃杯；2—虹吸管；3—管夹；4—溢流收集槽；5—玻璃杯座；6—标尺；7—虹吸管架。

图 4-1 淘析法水析装置示意图

操作，直到吸出的液体中不含小于分级粒度矿粒为止。设预定的分级粒度为 d，在水中的自由沉降速度为 v_0，则沉降 h 所需时间 t 为：

$$t=\frac{h}{v_0}=\frac{h\mu}{54.5d^2(\delta-\rho)} \tag{4-2}$$

将每次吸出的矿浆汇集烘干后，即为试料中全部小于分级粒度的产物。把获得的细粒产物称重、化验后，即可标出该粒级在试样中的含量及品位。若要求进行几个粒级的分析时，则需首先按预定的几个分级粒度分别算出沉降 h 距离所需的时间 t 值，由细到粗依次进行上述操作，将各个粒级全部淘析完为止，即可以获得该试样的粒度组成。由淘析法测定微细物料的粒度组成虽然比较简单、准确，但费时、费工，因此，淘析法多用来对其他水析法进行校核，或没有连续水析仪器时使用。

4.3 仪器设备与材料

(1) 仪器设备

虹吸管、秒表各 1 个，天平 1 台，瓷盘 4 个。

(2) 材料与试剂

0.1 mm 石英。

4.4 实验过程与步骤

(1) 取试料 50 g 放在大烧杯中先以适量的水润湿。

(2) 按图 4-1 将水析实验设备装好，并将虹吸管内装满水，胶管处用卡子夹住，把其自由端插入烧杯内并离料层 0.5～1 cm。

(3) 把烧杯内装满水至边缘 2～3 cm。

(4) 按式(4-2)计算临界粒子(粒度分别为 0.074 mm，0.053 mm 和 0.037 mm，密度为 2.65 g/cm^3)沉降高度 h 时所需要的时间 t。

(5) 用玻璃棒充分搅拌矿浆使物料完全悬浮后停止搅拌，立即用秒表记下沉降时间，待达到 t s 时，迅速打开管夹将孔口以上的矿浆吸入瓷盘，此时随矿浆吸出的即是小于临界粒度的粒子。然后再把烧杯充满水至标志处，按上述步骤重复数次直至吸出的液体完全为清水为止，此时将瓷盘内吸出的物料沉淀、烘干、称重，整个虹吸过程从最细粒级开始。

4.5 实验数据的记录与整理

将实验结果填入表 4-2 中。

表 4-2 实验结果记录表

粒级/mm	质量/g	产率/%	
		部分	累积
0.1～0.074			
0.074～0.053			
0.053～0.037			
<0.037			
合计			

4.6 思考题

根据计算结果绘制累积粒度特性曲线并分析物料粒度特性。

5　煤炭密度组成与重选可选性分析

重选过程主要是按密度来分选矿粒的。粒度及形状对分选过程也产生一定的影响。对于由密度各异的颗粒所构成的粒群(物料),可借助实验的方法,将它按不同的密度范围分成若干密度级别的物料,再经称量与化验,得出各密度级物料的数量与质量,这就是该物料的密度组成。密度组成体现了物料(粒群)中不同密度级物料的质量分布。了解了物料的密度组成,就可知物料按密度差别进行重选时的难易程度,从而为确定分选方法、制定分选工艺流程及选择分选设备提供重要的依据。在重选作业中,其工艺效果的优劣对整个选矿厂或选煤厂的技术经济指标影响很大,如何进行科学、客观的评价非常重要。

浮沉实验是指将煤样用不同密度的重液分成不同密度级,并测定各级产物的产率及特性的实验。为使浮沉实验尽量准确,一般情况下都采用筛分分析所得到的窄粒级的煤进行实验。只有在特定的情况下,才进行不分级煤的浮沉实验。如对跳汰机分选效果的考核,或因时间、人力的限制,浮沉实验时煤样可不分级。浮沉实验煤样的质量,可以根据实验目的的不同而有所变化,但它与第一粒度级别的大小有关,根据国家标准,不同粒度级别所用煤样的最小质量应符合表 5-1 规定。

表 5-1　浮沉实验煤样质量与粒度级别的关系

煤样粒度/mm	>100	100～50	50～25	25～13	13～6	6～3	3～0.5	<0.5
煤样最小质量/kg	150	100	30	15	7.5	4	2	1

煤炭的浮沉实验按煤样粒度分为两种:一是粒度大于 0.5 mm 的煤样浮沉实验;二是粒度小于 0.5 mm 的煤泥(粉)浮沉实验,这种浮沉实验又叫小浮沉实验。两者的区别在于配制重液所用药剂不同,以及操作过程有别。

(1) 粒度大于 0.5 mm 褐煤、烟煤和无烟煤等煤样的浮沉实验

粒度大于 0.5 mm 煤样的浮沉实验都是用氯化锌和水配制的重液作为分离介质的。根据阿基米德原理,密度小于重液密度的煤必定浮在液面上,捞出称之为浮物;密度大于重液密度的煤必定沉到重液底部;而密度刚好等于重液密度的煤,则在重液中悬浮。将沉到底部和悬浮其中的取出,称之为沉物。根据国家标准规定,煤样可按下列密度分成不同密度级:1.30 kg/L、1.40 kg/L、1.50 kg/L、

1.60 kg/L、1.70 kg/L、1.80 kg/L、2.00 kg/L。必要时可增加 1.25 kg/L、1.35 kg/L、1.45 kg/L、1.55 kg/L、1.90 kg/L、2.10 kg/L 等密度。当小于 1.30 kg/L 密度的产率大于 20%时，必须增加 1.25 kg/L 密度。无烟煤可依具体情况适当减少或增加某些密度。

用氯化锌（$ZnCl_2$）和水配制重液时，各种不同密度重液的配比如表 5-2 所示。

表 5-2 不同密度氯化锌重液中氯化锌含量

重液密度/(kg/L)	1.30	1.40	1.50	1.60	1.70	1.80	1.90	2.00
氯化锌含量/%	31	39	46	52	58	63	68	73

(2) 粒度小于 0.5 mm 煤泥(粉)的浮沉实验

由于小浮沉实验物料粒度细、沉降速度慢，故其浮沉过程应在离心力场中进行。实验所用的煤样必须是空气干燥状态，质量不得少于 60 g。若某密度级产物的质量不够化验用时，该密度级应采用双份煤样。小浮沉实验一般也用氯化锌配制的重液。若要求重液密度较高或煤样的粒度过细，由于氯化锌水溶液具有黏度大、产物清洗困难等缺点，因此可采用四氯化碳、苯及三溴甲烷等有机溶液配制。有机溶液不同密度的配制比例如表 5-3 所示。

表 5-3 有机溶液不同密度的配比表(15 ℃条件下)

重液密度/(kg/L)	1.30	1.40	1.50	1.60	1.80	2.00
四氯化碳含量/%	60	74	81	98	79	59
苯含量/%	40	26	19			
三溴甲烷含量/%				2	21	41

小浮沉实验与前述浮沉实验的实验步骤有别，它是将 60 g 煤样分成 4 份，每份 15 g，分别倒入 4 个离心管内，并注入少量密度为 1.30 kg/L 的重液，用玻璃棒搅拌，使煤样完全润湿，然后将煤样慢慢地注入同一密度的重液，边倒边搅拌，直到管内液面的高度为离心管高度的 85%为止，将 4 个离心管分别装入离心机对称位置上，使其在离心力场中浮沉。达到分离时间后，取出离心管，将浮物倒出。存留沉物的离心管再加入密度为 1.40 kg/L 的重液，再使其进行离心浮沉。以此类推，直至加入 1.80 kg/L 密度的重液实验完毕为止。最后将各密度级产物分别过滤、烘干、称重、化验和计算。

5.1　实验目的

（1）掌握粒群密度组成测定的基本原理与方法。

（2）了解浮沉液的配制方法。

（3）学习浮沉数据的处理与重选可选性曲线的绘制、分析方法。

5.2　实验原理

当散体物料置于一定密度的重液中时，根据阿基米德定律，密度大于重液密度的颗粒将下沉（沉物），密度小于重液密度的颗粒则上浮（浮物），密度与重液密度相近或相同的颗粒处于悬浮状态。对重力选矿来说，矿石密度与矿石品位之间具有很强的相关性，这也是采用重力分选获得较高品位（质量）矿物产品的依据。根据上述原理，使用特制的工具在不同密度的重液中捞起不同密度物料的实验即为浮沉实验。浮沉实验根据所处理的粒度范围分为小浮沉实验和大浮沉实验。

对重力选矿来说，矿样可按下列密度分成不同密度级：1.30 kg/L、1.40 kg/L、1.50 kg/L、1.60 kg/L、1.70 kg/L、1.80 kg/L、2.00 kg/L…

重液密度可依据下式计算（密度瓶法）：

$$\Delta=\frac{G_3-G_1}{G_2-G_1}\cdot\Delta_w \tag{5-1}$$

式中　G_1——空密度瓶质量，kg；

G_2——注水后密度瓶与水的总质量，kg；

G_3——注满待测重液时密度瓶和待测重液的总质量，kg；

Δ——待测重液的密度，kg/L；

Δ_w——水的密度（取 1），kg/L。

也可用密度计直接测量。

5.3　仪器设备与材料

（1）仪器设备

密度计 1 套，台秤 1 个，大浮沉器具 1 套，小浮沉器具 1 套，天平 1 套，中号试样盘（盆）若干。

（2）材料与试剂

6～3 mm 级浮沉试样 4 kg，－0.5 mm 煤泥 60 g，氯化锌。

5.4 实验过程与步骤

以测定煤炭密度组成的大浮沉实验为例，小浮沉实验由实验员演示。

(1) 重液配制密度计使用示例

煤炭浮沉实验常用氯化锌配制重液，其优点是易溶于水、易配制、价廉等，缺点是腐蚀性较大。

配制各种密度的氯化锌重液可参考表 5-4 进行，并用密度计反复测量，使重液密度准确到 0.003 kg/L。

表 5-4 重液配制表

重液密度/(kg/L)	药剂				
	水、氯化锌	四氯化碳、苯		四氯化碳、三溴甲烷	
	水溶液中氯化锌质量百分比/%	四氯化碳体积含量/%	苯体积含量/%	四氯化碳体积含量/%	三溴甲烷体积含量/%
1.30	31	60	40		
1.40	39	74	26		
1.50	46	89	11	98	2
1.80	52			79	21
2.00	63			59	41

(2) 将已配制的重液装入重液桶中并按密度大小顺序排列，桶中重液的液面不低于桶上缘 350 mm。最低密度重液分别装入两个重液桶，一个用于浮沉实验，另一个作为缓冲液(考虑为什么)。

(3) 称 4 kg 煤样放入网底桶内，用水洗净附着在煤块上的煤泥，滤去洗水再进行浮沉实验。收集冲洗出的煤泥水，用澄清法或过滤法回收煤泥，然后干燥称重，测定灰分，此煤泥称为浮沉煤泥。

(4) 将网底桶(装有脱泥后的煤样)放入缓冲液中浸润一下，提起并斜放在桶边上滤尽重液，再放入做浮沉实验用的最低密度的重液桶内，用木棒轻轻搅动或将网底桶缓缓地上下移动，然后使其静止分层，分层时间不少于下列规定：

① 粒度大于 25 mm 时，分层时间为 1～2 min；

② 最小粒度为 3 mm 时，分层时间为 2～3 min；

③ 最小粒度为 1～0.5 mm 时，分层时间为 3～5 min。

(5) 小心地用捞勺按一定方向捞取浮物。捞取深度不得超过 100 mm。捞取时应注意勿使沉物搅起混入浮物中。待大部分浮物捞出后,再用木棒搅动沉物,静置,然后仍按上述方法捞取浮物,反复操作直到捞尽为止。捞出的浮物倒入盘中,并做好标记。

(6) 把装有沉物的网底桶缓慢提起,斜放在桶边上滤尽重液,再放入下一个密度的重液桶中,用同样方法逐次按密度顺序进行。直到该煤样全部实验完为止,最后将沉物倒入盘中。

(7) 各密度级产物分别滤去重液,用水冲尽产物上残存的重液(最好用温水冲洗)。然后放入温度不高于 100 ℃的干燥箱内干燥,干燥后取出冷却,达到空气干燥状态再进行称重。

(8) 浮沉实验所用重液是具有腐蚀性的液体,在配制重液和进行实验过程中应避免与皮肤接触,要戴眼镜、穿胶鞋、围胶皮围裙等。

(9) 在整个实验过程中应随时用密度计测量和调整重液的密度,保证重液密度值的准确。

(10) 实验中注意回收氯化锌溶液。

(11) 浮沉顺序一般是从低密度级向高密度级进行的。如果煤样中含有易泥化的矸石或高密度物含量多时,可先在最高密度重液内浮沉。捞出的浮物仍按由低密度到高密度顺序进行浮沉。

(12) 小浮沉实验过程演示(实验员讲解、操作)。

5.5 实验数据的记录与整理

(1) 各密度级产物和煤泥烘干后分别称重,将数据记入表 5-5 中。

(2) 将各级产物和煤泥分别缩制成分析煤样,测定其灰分;当原煤硫分超过 1.5%时,各密度级产物应测定全硫。

(3) 误差分析:

① 数量误差分析:浮沉实验前空气干燥状态的煤样质量与浮沉实验后各密度级产物的空气干燥状态质量之和的差值,不得超过浮沉实验前煤样质量的 2%,否则该实验应重新进行。

② 质量指标误差分析(不同对象对应有不同的要求,具体请参考有关标准)。

(4) 绘制可选性曲线,说明每条曲线的物理意义及使用方法。

(5) 编写实验报告。

表 5-5　浮沉实验报告表

浮沉实验编号：　　　　　　　　　　　　　　　　　　　　　　　实验日期：　年　月　日

煤样粒级：　　　　mm　　　　　　　　　　　　　　　　　　　　煤样灰分：　%

全硫：$S_{t,d}$　　　%　　　　　　　　　　　　　　　　　　　　煤样质量：　kg

密度级/(kg/L)	质量/kg	产率/%		灰分/%	累积产率/%				+0.1 含量/%
		占本级	占全样		浮物		沉物		
<1.30									
1.30～1.40									
1.40～1.50									
1.50～1.60									
1.60～1.80									
>1.80									
合计									
浮沉煤泥									
总计									

5.6　思考题

(1) 小浮沉实验使用离心机的目的是什么？举例说明离心分离在固液分离领域的其他应用。

(2) 浮沉实验在重选生产实践中有哪些作用？

(3) 查阅文献，加强对理论分选密度、实际分选密度、错配物、分配率、+0.1含量等概念的理解。

(4) 设计一套考察某重选（重介质旋流器、跳汰机等）设备分选效率的实验方案，绘制工作流程图，给出各环节的注意事项。

6 矿物接触角测定

当矿物表面具有较强的离子键、共价键时，其不饱和程度较高，矿物表面有较强的极性和化学活性，对极性水分子有较大的吸引力，矿物表面表现出亲水性，称之为亲水性表面，此时的矿物可浮性差。当矿物表面是弱的分子键时，其不饱和程度较低，矿物表面的极性和化学活性均较弱，对极性水分子的吸引力小，矿物表面表现出疏水性，称之为疏水性表面，此时的矿物可浮性好。

6.1 实验目的

(1) 了解接触角测试系统的结构，并掌握测定矿物润湿接触角的方法。

(2) 测定几种常见矿物的接触角。了解矿物天然可浮性和润湿接触角的关系。

(3) 了解捕收剂对矿物接触角的影响。

6.2 实验原理

润湿是自然界和生产过程中常见的现象。通常将固-气界面被固-液界面所取代的过程称为润湿。将液体滴在固体表面上，由于性质不同，有的会铺展开来，有的则黏附在表面上成为平凸透镜状，这种现象称为润湿作用。前者称为铺展润湿，后者称为黏附润湿。如水滴在干净玻璃板上可以产生铺展润湿。如果液体不黏附而保持椭球状，则称为不润湿。如汞滴到玻璃板上或水滴到防水布上的情况。此外，如果是能被液体润湿的固体完全浸入液体之中，则称为浸湿。

当液体与固体接触后，体系的自由能降低。因此，液体在固体上润湿程度的大小可用这一过程自由能降低的多少来衡量。在恒温恒压下，当一液滴放置在固体平面上时，液滴能自动地在固体表面铺展开来，或以与固体表面成一定接触角的液滴存在。

假定不同的界面间力可用作用在界面方向的界面张力来表示，则当液滴在固体平面上处于平衡位置时，这些界面张力在水平方向上的分力之和应等于零，这个平衡关系就是著名的 Young 方程，即

$$\gamma_{SG}-\gamma_{SL}=\gamma_{LG}\cos\theta \tag{6-1}$$

式中，γ_{SG}、γ_{LG}、γ_{SL}分别为固-气、液-气和固-液界面张力；θ为固体界面经液体内部到气-液界面的夹角，称为接触角，在0°～180°之间。接触角是反映物质与液体润湿性关系的重要尺度。

在恒温恒压下，黏附润湿、铺展润湿过程发生的热力学条件分别是：

黏附润湿 $$W_a=\gamma_{SG}+\gamma_{LG}-\gamma_{SL}\geqslant 0 \tag{6-2}$$

铺展润湿 $$S=\gamma_{SG}-\gamma_{LG}-\gamma_{SL}\geqslant 0 \tag{6-3}$$

式中，W_a，S分别为黏附润湿、铺展润湿过程的黏附功、铺展系数。若将式(6-1)代入式(6-2)、式(6-3)中，得到下面结果：

$$W_a=\gamma_{SG}+\gamma_{LG}-\gamma_{SL}=\gamma_{LG}(1+\cos\theta) \tag{6-4}$$

$$S=\gamma_{SG}-\gamma_{LG}-\gamma_{SL}=\gamma_{LG}(\cos\theta-1) \tag{6-5}$$

以上方程说明，只要测定了液体的表面张力和接触角，便可以计算出黏附功、铺展系数，进而可以据此来判断各种润湿现象。还可以看到，接触角的数据也能作为判别润湿情况的依据。通常把$\theta=90°$作为润湿与否的界限，当$\theta>90°$时，称为不润湿；当$\theta<90°$时，称为润湿，θ越小润湿性能越好；当$\theta=0°$时，液体在固体表面上铺展，固体被完全润湿。

接触角是表征液体在固体表面润湿性的重要参数之一，由它可了解液体在一定固体表面的润湿程度。接触角测定在矿物浮选、注水采油、洗涤、印染、焊接等方面有广泛的应用。决定和影响润湿作用和接触角的因素很多，如固体和液体的性质及杂质、添加物的影响，固体表面的粗糙程度、不均匀性的影响，表面污染等。原则上说，极性固体易为极性液体所润湿，而非极性固体易为非极性液体所润湿。玻璃是一种极性固体，故易为水所润湿。对于一定的固体表面，在液相中加入表面活性物质常可改善润湿性质，并且随着液体和固体表面接触时间的延长，接触角有逐渐变小趋于定值的趋势，这是由于表面活性物质在各界面上吸附的结果。

接触角的测定方法很多，根据直接测定的物理量分为四大类：角度测量法、长度测量法、力测量法、透射测量法。其中，角度测量法是最常用的，也是最直截了当的一类方法。它是在平整的固体表面上滴一滴小液滴，直接测量接触角的大小。为此，可用低倍显微镜中装有的量角器测量，也可将液滴图像投影到屏幕上或拍摄图像再用量角器测量，这类方法都无法避免人为作切线的误差。本实验所用的美国科诺工业有限公司的SL200B型动态/静态接触角测定仪就可采取角度测量法和长度测量法这两种方法进行接触角的测定。

6.3 仪器设备与材料

(1) 仪器设备

SL200B 型动态/静态接触角测定仪,烧杯,量筒,橡皮手套,竹镊子,注射器,磨料:400 号、600 号。

(2) 材料与试剂

丁基黄药,煤油,水玻璃,矿物磨片,方铅矿,黄铁矿,煤,石英。

(3) 仪器设备的使用方法

SL200B 型动态/静态接触角测定仪结构如图 6-1 所示。

图 6-1 接触角测定仪结构图

本仪器由 CCD 镜头、进样器控制部件、光源控制部件和样品台部件等部分组成。操作方法如下:

① 校正 CCD 镜头:调整接触角测定仪主机四角的螺丝,并观察底座上的气泡是否位于中间位置(图 6-2)。一旦确认水平后,不要再调整四个脚的螺丝。

② 校正样品台系统水平:必须在 CCD 镜头校正后进行。将一个气泡放在样品台上,同时调整样品台下面二维校正螺丝(千分厘卡),直到气泡位于中间为止。

③ 调试光源系统:将光源插上电源,并打开电源开关。微微转动光源亮度调节钮。确认灯泡是否损坏。若灯泡是亮的,则继续使用。若灯泡损坏,请报告实验指导老师。

④ 光圈控制:通过旋转光圈控制部分,实现光线明暗控制。光圈打开并进

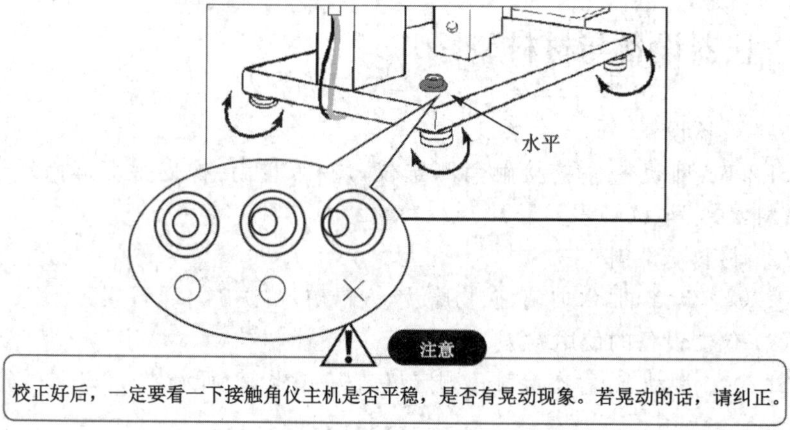

图 6-2　校正 CCD 镜头

行调整后，最理想的图像应该是刚从暗到亮的过程中的图像。注意，调整的速度不可过快。

⑤ 样品台控制：样品台可控制左右、上下、前后移动、调整水平。

⑥ CCD 镜头控制：CCD 镜头控制部分主要功能为焦距调整、针头位置调整以及水平调整。

⑦ 进样器进样控制：本接触角测定仪的进样器为微量进样器。

⑧ 进样器的拆卸过程为：松开根部与前部固定钮。前部固定钮需要全部松开，取下；将样品台移动，使用针管下方无样品台；将进样器向上推，使得针管可以平行移动；将进样器根部平移，从槽中取出；平移玻璃管；取出进样器；进样器的安装过程与上述方法相反。

⑨ 吸取液体：将进样器从固定架上取下；取干净容器，装盛适量测试流体；用进样器吸取部分液体以做准备。注意：请在测试液体中多次抽拉顶针，以排出进样器里面的空气；请在取样过程中不要将针头碰到杯子边缘或底部，以免针管弯曲。吸取完液体后全部排空，并用脱脂棉擦拭一下针头。

⑩ 校正针头，调整焦距。进入校正针头界面，进行各种移动操作，以使得针头位于镜头中间部分，并进行焦距调整以获得理想的成像效果。

6.4　实验过程与步骤

(1) 根据仪器设备适用方法调整好仪器，使之处于待测量状态。

(2) 净化矿物磨片：将待测磨片放在洁净的玻璃板上，用 600 号或 400 号金刚砂轻轻磨去矿物表面的污染物，用蒸馏水洗净，然后放在潮湿的毛毡上打光，再用蒸馏水洗净。最后用绒布擦干，再用镜头纸包好。

(3) 将已净化的矿物磨片平放在样品盒的底座上，用微量给样器给入一小水滴，然后调整焦距，使影像清晰地出现在显微镜目镜中，并根据仪器使用方法测出润湿接触角，重复两次，两次测量差值不得超过 3°，再取其平均值。

(4) 将已净化的石英片置于混合胺溶液中，煤置于煤油中，方铅矿片置于黄药溶液中，浸泡 3 min 后取出，用绒布擦干，分别测量其润湿接触角。

(5) 实验中注意事项：

① 每次测量时间不可超过 1 min。

② 每次测量，移动划刻板相切气-液界面，需微调移动，确认相切时才能读数。

③ 水滴直径最好为 1～2 mm。

④ 严禁用手直接接触磨片。

⑥ 为防止产生干扰，各种矿物所用磨片要严格区分。

6.5 实验数据的记录与整理

将实验数据用表格列出，同时根据实验结果讨论各矿物天然可浮性的差异以及捕收剂对其可浮性的影响。

6.6 思考题

(1) 利用本实验仪器进行液滴直径和液滴高度的测量，然后计算其润湿接触角 θ，请简述其是如何测量和计算的。

(2) 抑制剂对矿物接触润湿角有什么影响？

7 矿粒电动电位的测定

7.1 实验目的

(1) 掌握电泳法测定煤粒电动电位的方法。

(2) 了解煤泥颗粒的带电性质。

7.2 实验原理

在外电场的作用下,荷电的微粒与分散介质间发生相对移动,微粒向正极或负极移动的现象称为电泳。同一微粒在同一电场中的移动速度与ζ电位的大小有关,所以ζ电位也称为电动电位。任何一种微粒(或胶体)的电动现象(即电渗、电泳、液流电位及沉降电位)都可以用来测定ζ电位,但最方便的测量是用电泳法。电泳的微观测量法是直接观察单个微粒在电场中的运动速度。

7.2.1 电泳仪工作原理

光源通过聚光镜和反光镜照射电泳池,电泳池中装入待测的悬浮液,调准焦距,在目镜中就可清晰地观察到溶液中的被测微粒。当电泳池两电极加上一定电压后,即可见到微粒的定向运动。目镜中设置了特制的正方形网格板,通过操作,就可测出微粒运动一定距离(如一格)所需的时间。

7.2.2 电泳池测定原理

运用矩形管状电泳池测定微粒的电泳速度,应避免电渗的影响。电泳池通电后可同时产生两种电动现象,即微粒对溶液相对运动的电泳现象和溶液对电泳管壁相对运动的电渗现象。在封闭的电泳管中,溶液沿管壁向负极移动,到管端汇合后则向管中央正极移动,形成回流(图 7-1)。这样,接近管壁处微粒的电泳方向与溶液电渗方向相反,则电泳速度变慢,而管中央处微粒的电泳方向与溶液电渗方向一致,加速了电泳速度。只有在没有电渗的静止层(A 或 B),这一流体面上测出的电泳速度才是微粒的真实电泳速度。静止层 s 值是指静止层与管上下内壁之间的距离,此数值已在仪器出厂说明书上注明,也可利用下式进行计算:

$$s=\frac{D_0}{2}\pm\frac{D_0}{2}\sqrt{\frac{1}{3}+\left(1+\frac{384}{\pi^5 K}\right)} \tag{7-1}$$

式中　s——上管内壁至静止层 A 的距离，mm；

D_0——电泳仪有效深度，mm；

K——电泳池的宽厚比$\left(K=\frac{B}{D}\right)$；

B——电泳池的宽度，mm；

D——电泳池的实际深度，mm。

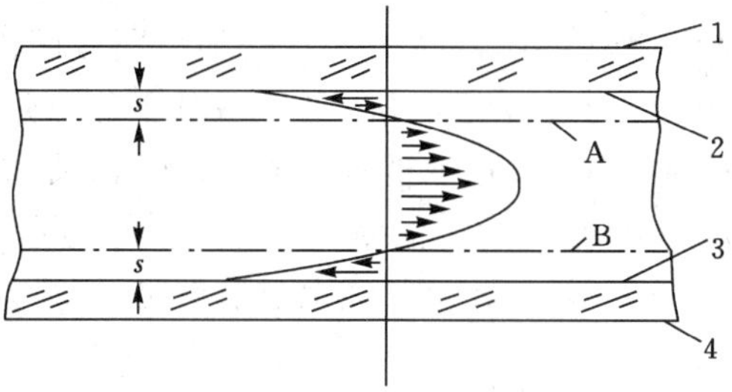

1，4—外表面；2，3—内表面。

图 7-1　电泳池内回流示意图

7.3　仪器设备与材料

(1) 仪器设备

显微电泳仪，pH 计，秒表。

(2) 材料与试剂

去离子水，-5 μm 煤样。

(3) 电泳仪的使用方法

① 电泳仪的安装调试必须严格按仪器使用说明书进行。

② 显微电泳仪一般由显微镜系统、控制器和矩形电泳池 3 部分构成。

③ 显微镜系统和一般的显微镜一样，若目镜视场亮度均匀、图像清晰，即表明显微镜完好。

④ 控制器连通电源后，开启开关，当指示灯亮和数字显示屏示值为“0”时。拨动操作器钮开关，即可控制累计计数、计时。检查各功能钮、键工作情况，如属正常，则表示仪器可以正常使用。

⑤ 将电泳池清洗后，使用注射器注入无离子水，固定在显微镜工作台上，接通电源。当电压升高后，电压表、电流表显示数值正常（100 V 时，不大于

30 μA)，即电泳池是干净的，可使用。

(4) 电泳池的操作

① 电泳池的温度与被测品的温度应保证相同。

② 当样品注入电泳池后要保证连通部与电极室都没有气泡，若有气泡必须排掉，样品加满后塞紧橡皮塞，保证测试工作在封闭系统中进行。

③ 擦干电泳池外面的水。

④ 电泳池深度测量。

电泳池上下两块板有 4 个层面，1、4 为外表面，2、3 为内表面(即电泳池内壁)。4 个层面上都有特殊条纹，在镜下可以帮助识别板面位置(图 7-1)。使用粗微调手轮升降工作台，通过目镜可从上往下或从下往上辨认 4 层板面。调整微调手轮，利用微调的示值测量电泳池的深度 D(实际上是 2 至 3 层面的距离)。无水测试和有水(无离子)测试的比值为 1.33(1.33 是纯水的折射率)。如果熟练测出无水和有水深度，并计算比值与纯水折射率相同，则可认为已经掌握了电泳仪的使用方法。

⑤ 静止层深度为 s 值，图 7-1 中 A、B 位置即是测量电泳的静止层位置。当准确辨出 2 或 3 层面后，分别向下或向上微调 s 距离，则是上静止层 A 或下静止层 B。

7.4 实验过程与步骤

7.4.1 实验样品的制备

取煤中的精煤组分，并在 CCl_4(δ＝1.3 g/cm^3)中进行浮沉实验，上浮的精煤经清洗干燥后，进行破碎并取 1～2 g，放入研皿中磨至－5 μm，称 20～40 mg 试样，放入 50～100 mL 无离子水中，不断搅拌约 24 h 即得实验样品。需要测定不同 pH 值条件下的电位时，加入 HCl 或 NaOH 滴定至要求的 pH 值。

7.4.2 测试步骤

(1) 使用注射器将样品注入电泳池中，排除气泡，塞紧橡皮塞。

(2) 电泳池安装好后，待电压稳定即接通电源。这时从目镜中可以观察到微粒的运动。电压的高低控制在微粒每通过 1 格(100 μm)或 2 格需 8～20 s 为宜。

(3) 通过电泳池的 2、3 两内层找到静止层 A，打开开关计数、计时，即可测出微粒运动 1 格(或 2 格)所需时间。通过操作器正反向开关，控制电极换向。一般先选择某一微粒，使其正反向运动各一次，同时测其正反向速度，当正反向速度几乎相等时，则表示测定可靠，可进行正式测定。随机选取 10～20 颗不同微粒，连续变换方向，累计计时。根据运动距离和时间可计算出平均电泳速度。

(4) 测定样品在测量状态下的温度。

(5) 实验中注意事项：

① 样品装入电泳池后不允许有气泡存在，电泳池小孔一定要塞紧，保证测试在密闭条件下进行。

② 样品粒度应小于 5 μm。

③ 准确找到静止层位置。

④ 理想情况是在恒温 20 ℃下进行测试。

⑤ 测试工作应在 10 min 内完成，因时间过长会影响测量精度。

7.5 实验数据的记录与整理

(1) 实验数据记录(参考表 7-1 的记录格式)

表 7-1 实验数据记录表

测定时间/s	迁移路程/cm	电压/V	电泳速度/(cm/s)

ζ 电位的计算：

$$\zeta=\frac{4\pi\eta}{\varepsilon H}\times u\times 300^2 \tag{7-2}$$

式中 η——液体的黏度(20 ℃水的黏度 1.05×10^{-3} Pa·s；25 ℃时为 0.894×10^{-3} Pa·s)；

ε——液体的介电常数(20 ℃时水为 81)；

H——电位梯度$\left(H=\dfrac{E}{L}\right)$，V/cm；

E——外加电压值，V；

L——电泳池电极距离，cm；

u——电泳速度，cm/s。

(2) 实验报告

① 简单描述实验过程。

② 计算电泳速度。

$$u=\frac{s}{t}\quad \text{cm/s} \tag{7-3}$$

式中 s——迁移路程，cm；

t——运动 s 距离所用的时间，s。

③ 计算微粒的 ζ 电位，以 mV 表示。通常 ζ 电位是在 20 ℃下测定并视 20 ℃的 ζ 为标准值。若测量时温度不是 20 ℃，可按下式进行修正：

$$\zeta_{20\ ℃}=\zeta\times[1-0.02(t-20)] \tag{7-4}$$

式中 $\zeta_{20\ ℃}$——20 ℃时 ζ 电位标准值；

t——测量时样品温度，℃。

④ 判断煤微粒的荷电性质。

7.6 思考题

(1) 本实验的关键操作环节是什么？为什么？

(2) 电泳池为什么不允许有气泡存在？为什么需要塞紧？

(3) 试计算本实验所用的电泳池的 s 值。

(4) 为什么测量时间控制在 10 min 为最佳？

8　可比性浮选实验

8.1　实验目的

（1）评价煤泥的可浮性。

（2）进行单元浮选实验方法的基本训练。

（3）为后续的浮选实验操作奠定良好基础。

8.2　实验原理

煤炭可浮性是指煤泥浮选的难易程度。通常采用实验室可比性浮选实验和分步释放实验评定煤泥(粉)可浮性的优劣。

可比性浮选实验就是对不同煤泥(粉)的可浮性进行比较的实验，也就是对不同的煤样采用相同的实验操作条件进行实验，测定其产率和灰分，并计算出可浮性指标后进行比较。

我国煤炭可浮性采用浮选精煤可燃体回收率作为评价指标。浮选精煤可燃体回收率 E_c 的计算式为：

$$E_c = \frac{\gamma_0 (100 - A_c)}{100 - A_f} \times 100\% \tag{8-1}$$

式中　E_c——精煤可燃体回收率，%；

γ_0——浮选精煤产率，%；

A_c——浮选精煤灰分，%；

A_f——浮选入料灰分，%。

计算结果取小数点后两位，修约到小数点后一位。

煤炭可浮性等级及 E_c 的界限如表 8-1 所示。

表 8-1　可浮性等级

可浮性等级	极易浮	易浮	中等可浮	难浮	极难浮
E_c/%	≥90.1	80.1～90.0	60.1～80.0	40.1～60.0	≤40.0

8.3 仪器设备与材料

(1) 仪器设备

单槽容积为 1.5 L 浮选机 1 台，秒表 1 块，25 μL 微量进样器 1 支，0.25 mL 注射器 1 支，恒温干燥箱(温度范围 50～200 ℃)，搪瓷盆、搪瓷盘、搪瓷杯、洗气瓶若干。

(2) 材料与试剂

－0.5 mm 煤样 5 kg，捕收剂正十二烷，起泡剂甲基异丁基甲醇，去离子水。

(3) 仪器设备的使用方法

① 实验室浮选机

实验室浮选机都是机械搅拌式浮选机，通常使用 XFD-1.5 型。它由叶轮、定子、竖轴、充气管和槽体等部件组成，浮选槽如图 8-1 所示，叶轮如图 8-2 所示。

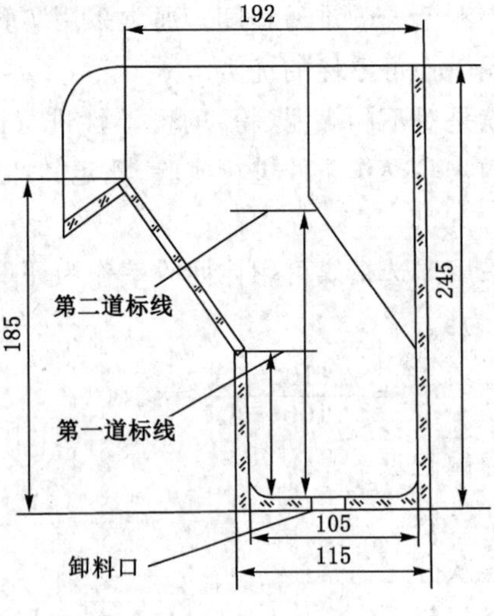

图 8-1　浮选槽

XFD-1.5 型浮选机的槽体有效容积为 1.5 L，分为静止区与搅拌区两部分。静止区底部有一循环孔，在槽体安装时，必须使静止区底部的循环孔与空气搅拌装置上的循环孔相对应，保证矿浆的良好循环。

浮选槽安装好后，可接通电源，并打开刮板开关，如刮板顺时针方向旋转，说明浮选机主轴、刮板旋转方向正确。否则就是电源线接反了。

浮选机的主轴转速与充气量、搅拌强度有关。带有精密转速测量装置的浮

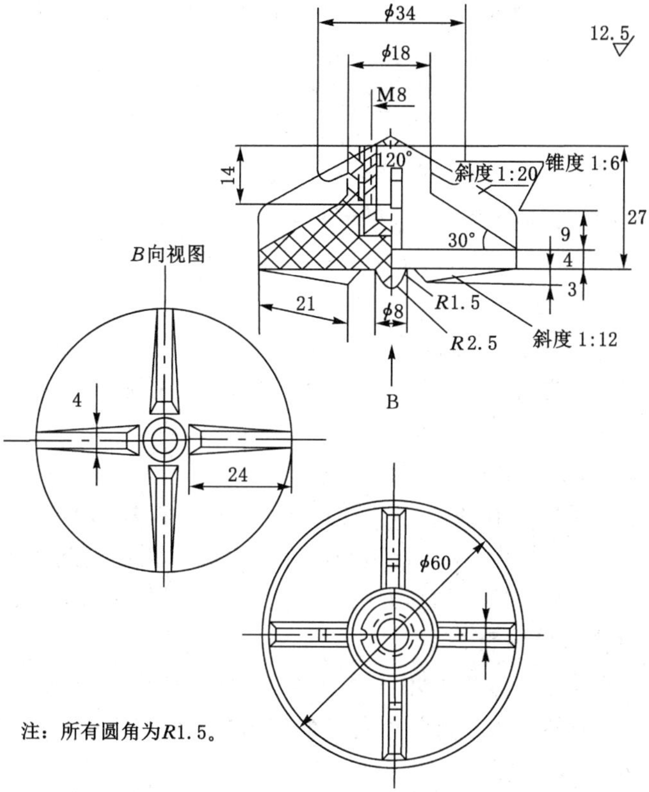

图 8-2　浮选机叶轮

选机，其转速可通过本身数字显示装置显示；一般 XFD 型浮选机，可用转速表测量。进行浮选实验时，浮选机主轴转速应控制在 1 800 r/min。过高或过低都需要适当调整。

实验室浮选机的充气量检测常应用旋子流量计，充气量大小可通过调节阀控制。一般充气量值控制在 0.25 $m^3/(m^2 \cdot min)$。旋子流量计测出的空气流量与浮选机充气量的关系如表 8-2 所示。

表 8-2　充气量换算表

充气量/[$m^3/(m^2 \cdot min)$]	0.15	0.25	0.35
空气流量/(L/min)	1.67	2.75	3.85

注：按 XFD 型浮选机计算。

浮选机如果没有装设旋子流量计，可用 25 mL 量筒采用排水取气法测量，

测点应不少于 3 个,3 个充气量的算术平均值即为浮选机的充气量。充气量可按下式计算:

$$Q_a=\frac{0.6V}{S\cdot t}=\frac{0.6H}{t} \tag{8-2}$$

式中 Q_a——某测点充气量,$m^3/(m^2\cdot min)$;

V——测量时间内进入量筒的气体体积,mL;

S——量筒口的面积,cm^2;

t——测量时间,s;

H——t 时间内进入量筒的气体高度,cm。

这种测量方法的精确度不高,但在不具备条件的情况下,测量数据还是有一定参考价值的。

② 浮选药剂的添加方法

煤泥浮选药剂主要有捕收剂和起泡剂,一般实验常用的捕收剂是:煤油、0 号或 10 号轻柴油、正十二烷。起泡剂是仲辛醇和甲基异丁基甲醇。上述浮选药剂均采用直接添加方法。加药方法有微量进样器量体积法和注射器点滴法。

a. 微量进样器量体积法

微量进样器是光谱分析所用的进样设备,具有加药量准确、操作方便等优点。使用微量进样器可以直接量取药剂的体积并加到矿浆中。当药剂用量确定后,加药体积按下式计算:

$$V=\frac{Q\times P}{m\times 10^6} \tag{8-3}$$

式中 V——所需添加药剂的体积,mL;

Q——单份浮选试样质量,g;

P——单位煤样用药剂量,g/t;

m——浮选药剂密度,g/cm^3。

待所需添加剂体积计算结果出来后,根据加药量大小选择适当规格的微量进样器(或微量注射器)。常用的微量注射器有 0.25 mL 和 0.5 mL 两种规格;微量进样器有 0.1 mL、0.5 mL、0.025 mL、0.01 mL 和 0.005 mL 等 5 种规格。

加药时,应关闭充气阀,把进样器的针头置于矿浆液面以下,切忌在矿浆表面上出现泡沫和固体漂浮物。

b. 注射器点滴法

注射器点滴法要求预先测出药剂的滴重,然后将加药量折算成应加的滴数,使用注射器逐滴加入。其具体方法如下:

• 根据加药量的大小,选一容积合适的注射器和针头,针头在实验过程中不可更换。

· 注射器装入药剂后，应处于垂直状态，缓缓用力推动活塞使药剂从针头滴出，每滴时间间隔需均匀，滴出速度不可过快，以 40～60 滴/min 为宜。药剂从注射器中滴出要反复练习若干次，直至熟练为止。

· 将表面皿清洗后，送恒温箱[(100±5)℃]烘干，在分析天平上称重。

· 准确滴 50 滴药剂在表面皿上，称出表面皿和药剂总质量，同时计算出药剂滴的质量，即

$$d=\frac{\omega}{50} \tag{8-4}$$

式中 d——药剂滴的质量，g/滴；

ω——50 滴药剂的质量，g。

· 当实验的药剂量确定后，添加滴数 n 按下式计算：

$$n=\frac{Q\times P}{d\times 10^{-6}} \tag{8-5}$$

式中 Q——单份浮选试样质量，g；

P——单位煤样用药剂量，g/t。

所计算的 n 值可能是非整数，可取整数滴添加。为了提高实验精度，加药量按实际加入滴数计算。

· 加药时注射器应保持垂直状态，充气阀关闭。加药地点选在主轴附近湍流强烈的紊流区内。

8.4 实验过程与步骤

可比性实验按《选煤实验室分步释放浮选试验方法》(GB/T 36167—2018)进行。该标准对实验条件做了严格规定。

可比性实验条件：稀释煤样采用蒸馏水或离子交换水；浮选的矿浆温度为(20±10) ℃；矿浆浓度为(100±1) g/L；药剂单位耗量：正十二烷(1 000±10) g/t、MIBC (100±1) g/t；浮选机充气量为 0.25 $m^3/(m^2\cdot min)$；主轴转速 1 800 r/min；刮板转速为 30 r/min。

实验过程与步骤：

(1) 称量煤样，准确到 0.1 g。实验煤样质量按下式计算：

$$Q=\frac{150\times 100}{100-M_{ad}} \tag{8-6}$$

式中 Q——实验煤样质量，g；

M_{ad}——空气干燥煤样的水分，%。

(2) 使用微量注射器吸取正十二烷 0.2 mL，微量进样器吸取 MIBC 18.5 μL。药剂加入体积按式(8-3)计算。

(3) 向浮选机中加入约 1/3 容积的水(蒸馏水)，使水位达到第一道标线(图 8-1)。关闭充气阀，开动浮选机，加入已称好的煤样。搅拌至煤样全部湿润。

(4) 加入蒸馏水，使矿浆液面达到第二道标线，此时矿浆体积约为 1.5 L。

(5) 开动浮选机和计时器(或秒表)，预搅拌 2 min，向矿浆液面以下加入预先量好体积的正十二烷。1 min 后，再向矿浆液面以下加入量好体积的 MIBC。

(6) 10 s 后，开启充气阀向矿浆中充气，同时以 30 r/min 速度开动刮板，泡沫产品收集在一个盆中。

(7) 刮泡开始后，浮选机槽内矿浆液面下降，为使整个刮泡期间保持矿浆液面的恒定，应向机槽内补加清水，补加清水速度应均匀。可按图 8-3 所示安装一个定压瓶加水。

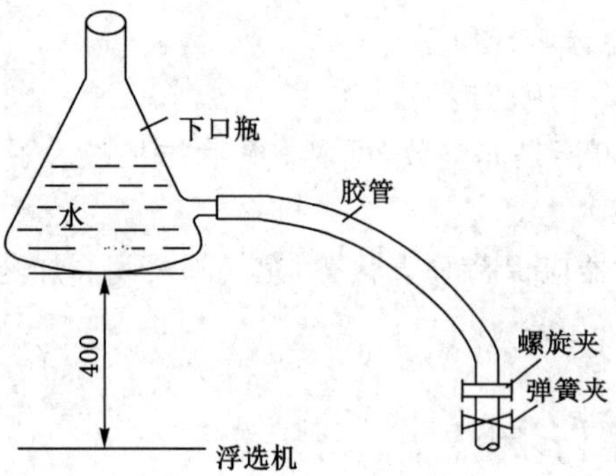

图 8-3 定压瓶加水

(8) 刮泡阶段后期，使用洗瓶将黏附在浮选槽壁上的煤粒清洗至矿浆中。

(9) 经 3 min 后，关闭浮选机，停止补加水。将尾煤排放到盆内，并把黏附在浮选槽上的颗粒清洗至尾煤中。黏附在刮板和浮选槽溢流唇边的煤粒应清洗至精煤产品中。向浮选槽中加入清水，开动浮选机搅拌清洗，直至浮选槽洗净为止。清洗水排到尾煤中。

(10) 精煤和尾煤分别过滤脱水，滤饼置于不超过 75 ℃的恒温干燥箱中进行干燥。干燥后煤样冷却至空气干燥状态后，分别称重并测定灰分。

(11) 根据《选煤实验室分步释放浮选试验方法》规定，应重复实验一次，提出正式实验报告。

(12) 实验中注意事项：

① 本实验应严格遵照实验条件进行，否则将无可比性。

② 补加清水时要均匀，做到溢流唇没溢流，刮泡时不刮水、不压泡，保证矿浆液面的恒定。

③ 各浮选工序的操作时间误差不得超过 2 s。

④ 采用注射器点滴法加药时，注射器必须垂直。

8.5 实验数据的记录与整理

将实验结果分别记录在表 8-3 中，以精煤和尾煤质量之和作为 100%分别计算其产率，计算取小数点后两位。可比性浮选实验的误差应符合如下规定，若超差则本次实验作废，必须重做。

表 8-3 可比性浮选实验结果表

产品名称	第一次实验结果			第二次实验结果			综合结果	
	质量/g	产率/%	灰分%	质量/g	产率/%	灰分/%	产率/%	灰分/%
入料								
精煤								
尾煤								
计算入料								

(1) 同一实验各产物质量之和与该实验入料质量的相对误差不得超过±2%。

$$\left|\frac{Q_0-\sum Q_i}{Q_0}\right|\times 100\% \leqslant 2\% \tag{8-7}$$

式中 Q_0——实验前的煤样质量，g；

Q_i——实验后产品质量之和($i=1,2\cdots$)，g。

(2) 同一实验产物的加权平均灰分与实验入料灰分之差应符合下列规定：

① 当入料灰分小于 20%时，相对误差不超过±5.0%，即

$$\left|\frac{A_f-\overline{A}_f}{A_f}\right|\times 100\% \leqslant 5.0\% \tag{8-8}$$

式中 A_f——实验入料灰分，%；

$\overline{A}_f$——实验入料的加权平均灰分，%；

② 当入料灰分大于 20%时，绝对误差不得超过±1.0%，即

$$|A_f-\overline{A}_f|\leqslant 1.0\% \tag{8-9}$$

(3) 两次重复实验的精煤产率绝对误差不得超过1.6%;精煤灰分允许误差为:

① 当精煤灰分 $A_c \leqslant 10\%$ 时,$|A_{c1}-A_{c2}| \leqslant 0.4\%$。

② 当精煤灰分 $A_c > 10\%$ 时,$|A_{c1}-A_{c2}| \leqslant 0.5\%$。

式中 A_{c1}——第一次实验所得精煤灰分,%;

A_{c2}——第二次实验所得精煤灰分,%。

8.6 思考题

(1) 可比性实验的药剂为什么要选用正十二烷和 MIBC?

(2) 可比性实验为什么要严格按照实验条件进行?

(3) 可燃体回收率作为可浮性指标,其含义是什么?

(4) 可比性实验的难点在什么地方?

9　浮选工艺条件实验

9.1　实验目的

(1) 进一步了解浮选药剂在浮选过程中的作用。

(2) 了解不同的药剂添加量和不同的药剂对浮选速度的影响。

9.2　实验原理

在浮选过程中,药剂制度和浮选条件都对产品的数量和质量有影响。如药剂添加量大,浮选速度快,则精煤产率提高,精煤灰分增加;反之,药剂添加量小,浮选速度慢,精煤产率低,灰分降低。而入料浓度对浮选过程也有影响,如浓度低则选择性好,精煤产品的灰分就容易保证;浓度偏高则精煤灰分不容易控制等。这些都说明了浮选工艺条件是浮选生产是否成功的关键。

浮选工艺条件包括药剂制度、矿浆浓度、浮选机充气量和搅拌强度等。所谓药剂制度就是指所使用的药剂种类、药剂添加量和加药方式。实验时可变动一个条件,固定其他条件。本实验只考察不同用量捕收剂、起泡剂对浮选过程的影响。

9.3　仪器设备与材料

(1) 仪器设备

单槽容积为 1.5 L 浮选机 1 台,转速表,秒表等。

(2) 材料与试剂

−0.5 mm 的煤样 5 kg,捕收剂轻柴油,起泡剂仲辛醇。

9.4　实验过程与步骤

(1) 清洗浮选槽,测定充气量。

(2) 按 100 g/L 的浓度计算煤样量,并称量煤样两份。准确到 0.1 g。

(3) 捕收剂轻柴油用量A组1 500 g/t,B组1 000 g/t;起泡剂仲辛醇用量均为300 g/t。计算本次实验的用药体积数,选择合适的注射器和微量进样器,同时将药剂吸入注射器和进样器中。

(4) 向浮选机内添加自来水,到达机槽第一道标线(见实验8)。开动浮选机,关闭充气阀,加入称量的干煤样。搅拌至煤样全部润湿,再加入自来水,使矿浆液面到达机槽第二道标线,此时矿浆总体积约为1.5 L。

(5) 开动秒表计时,预搅拌2 min,向矿浆液面下加入轻柴油,第一个实验加入A组量,第二个实验加入B组量。1 min后再向矿浆液面下加入已量好的仲辛醇。

(6) 10 s后打开充气阀,开动刮板刮泡,刮泡3 min。在刮泡过程中补加清水要均匀,保证矿浆液面恒定,做到既不使泡沫积压,又不刮出水。

(7) 实验中其他步骤和实验流程图同实验8。

(8) 按上述实验过程和步骤做不同起泡剂的对比实验。实验条件为:入料矿浆浓度100 g/L,轻柴油用量1 200 g/t;起泡剂仲辛醇用量C组为200 g/t。

9.5 实验数据的记录与整理

(1) 记录浮选机充气量。

(2) 实验数据经整理后记入表9-1。

表9-1 浮选工艺实验结果表

实验日期: 入料灰分:

组号	工艺参数			精煤		尾煤		计算入料	$\eta_{\omega t}$ /%
	浓度 /(g/L)	轻柴油 /(g/t)	仲辛醇 /(g/t)	产率 /%	灰分 /%	产率 /%	灰分 /%	灰分 /%	
A	100	1 500	300						
B	100	1 000	300						
C	100	1 200	200						

浮选效果的优劣采用浮选完善指标$\eta_{\omega t}$进行评定。

浮选完善指标用于评定同一种煤在不同的工艺条件下的分选完善程度,在选择最佳药剂制度和浮选工艺条件时使用,具有良好的可比性。其计算结果取小数点后两位。

$$\eta_{\omega t}=\frac{100\gamma_c}{100-A_f}\times\frac{A_f-A_c}{A_f} \tag{9-1}$$

式中　$\eta_{\omega t}$——浮选完善指标，%；

A_f——浮选入料灰分，%；

A_c——浮选精煤灰分，%；

γ_c——浮选精煤产率，%；

9.6　思考题

(1) 根据已学的理论分析不同用量起泡剂对浮选结果的影响。为什么？

(2) 请从理论角度分析煤油和轻柴油两种捕收剂的捕收能力，并进行实验验证。

(3) 浮选完善指标 $\eta_{\omega t}$的物理含义是什么？

10　浮选速度实验

10.1　实验目的

(1) 从浮出精煤顺序和时间角度考察煤泥的浮选行为。

(2) 对煤泥可浮性进行评价和研究。

(3) 掌握绘制可浮性曲线的方法。

(4) 进行一次加药多次刮泡的操作练习。

10.2　实验原理

浮选速度实验是从时间角度来考察煤泥浮选行为的，也是了解浮选过程快慢的实验。煤泥可浮性好，浮选速度快，其精煤产率高。

浮选速度实验是一次加药多次刮泡的连续浮选实验。

为了消除浮选工艺条件的影响，浮选速度实验必须在最佳工艺条件下进行。每次刮泡时间可根据实验情况加以调整。实验初期由于泡沫大量涌出，刮泡时间稍短一些；随着实验的进行，泡沫产量逐渐减少，刮泡时间可相应加长。一般刮泡次数为 4～6 次。

根据浮选速度实验的结果，经过整理计算后，其数据可绘制可浮性曲线(图 10-1)。从曲线上可以计算出煤泥浮选速率常数，它是建立浮选速度数学模型的基础。浮选速度实验又可作为最佳条件鉴定实验，用于煤泥的可浮性研究。

10.3　仪器设备与材料

(1) 仪器设备

单槽容积为 1.5 L 浮选机 1 台，微量进样器 2 只(0.5 mL、0.1 mL 各 1 只)，恒温箱 1 台，搪瓷盘若干。

(2) 材料与试剂

－0.5 mm 煤样 5 kg，捕收剂煤油，起泡剂仲辛醇。

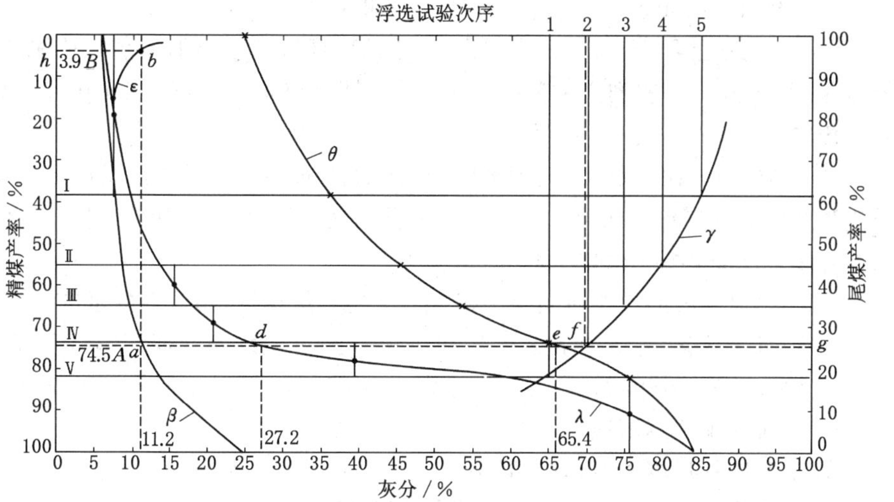

β—精煤产率-灰分曲线；θ—尾煤产率-灰分曲线；γ—浮选时间-精煤产率曲线；λ—基元灰分曲线。

图 10-1　精煤可浮性曲线

10.4　实验过程与步骤

浮选速度实验必须在最佳工艺条件下进行，下面是假定的条件。

10.4.1　实验条件

(1) 药剂用量：煤油 1 500 g/t，仲辛醇 300 g/t。

(2) 主轴转速 1 800 r/min，刮泡速度 30 r/min，充气量 0.25 $m^3/(m^2 \cdot min)$。

10.4.2　实验过程与步骤

(1) 首先轻刷浮选机槽，根据实验 8 的浮选机使用方法和要求安装机槽。

(2) 计算煤样质量，称取煤样。

(3) 计算药剂用量，选取进样器，抽取药剂装入进样器中，并标明药剂名称。

(4) 向浮选槽内添加自来水，使水位达到机槽第一道标线。关上充气管的阀门，开动浮选机，加入称量的煤样，搅拌煤样待煤样全部润湿后，加水使矿浆液面达到第二道标线，此时矿浆体积约为 1.5 L。

(5) 用秒表计时，关闭充气阀。预搅拌 2 min 后向矿浆液面下加入预先已称量体积的煤油，接触搅拌 2 min，再向矿浆液面下加入量好体积的仲辛醇。

(6) 30 s 后，打开充气阀向矿浆中充气。开动刮板刮取泡沫。用搪瓷盘接取泡沫，并贴上标签。

(7) 泡沫产品可分多次刮取。第 1、2 次产品的刮泡时间为 30 s，第 3、4 次产品的刮泡时间为 1 min,第 5 次产品的刮泡时间为 2 min。

(8) 在实验过程中,为保证均匀刮泡,必须向浮选槽中补加清水。补加清水的操作见实验 8。每次刮泡结束前 5～10 s 用清水将槽壁及刮板上的煤泥冲入浮选槽内。

(9) 刮出第 5 次产品后,关闭充气阀,然后停机。将槽壁的煤泥冲入尾矿;溢流唇及刮板的煤泥冲入第 5 个产品中。同时将尾矿排入盆中,使用清水将槽及搅拌装置洗净,清洗水放入尾矿。

(10) 各道工序的操作时间要严格按照上述规定执行,误差不得超过 2 s。

(11) 将 1、2、3、4、5 次精煤产品和尾煤分别过滤脱水。滤饼置于不超过 75 ℃的恒温箱中干燥至恒重,冷却至室温后分别称重,同时制样化验灰分。

(12) 实验中注意事项:

① 实验中补加清水要均匀,必须保证在刮泡时不刮水,不积压泡沫。

② 严格执行各操作工序的时间,误差不超过 2 s。

③ 煤泥加入浮选槽后,一定要全部润湿,不打团,没有“假粒”存在。

10.5 实验数据的记录与整理

实验获得的数据记录在表 10-1 中。

表 10-1 浮选速度实验记录

产品编号	盘号	浮选时间/s	浮选产品	质量/g	产率/%	灰分/%	累积	
							产率/%	灰分/%
1			精煤 1					
2			精煤 2					
3			精煤 3					
4			精煤 4					
5			精煤 5					
6			尾煤					
			合计					

(1) 记录全部实验条件如煤样名称、浮选机型号、药剂名称及用量、充气量、入料浓度等。

(2) 实验误差应符合实验 8 的规定。

(3) 实验报告:

① 简要叙述实验的目的及意义,根据实验目的在报告中列出实验条件。

② 简要说明实验过程。

③ 根据实验数据绘制可浮性曲线。

④ 简要说明实验中的心得体会。

10.6　思考题

(1) 搅拌调浆时为什么不能充气?

(2) 为什么要严格控制操作时间?

(3) 为什么第 1 次、第 2 次精煤刮泡时间为 30 s,第 3 次、第 4 次精煤刮泡时间为 1 min?

11 煤泥水沉降速度实验

11.1 实验目的

(1) 掌握煤泥水沉降速度实验的操作方法。

(2) 了解实验所用絮凝剂的性质和作用机理。

(3) 学会配制絮凝剂的水溶液。

11.2 实验原理

(1) 在煤泥水中加入高分子絮凝剂后,其中细小颗粒在絮凝剂的作用下相互聚成较大的絮团,随着絮团的增大,沉降速度加快,煤泥沉降过程中出现明显的澄清界面,由澄清界面的下降速度可绘出沉降时间与澄清界面下降距离的曲线——沉降曲线。

(2) 本实验所用絮凝剂为有机高分子絮凝剂——聚丙烯酰胺。

澄清界面的初始沉降速度可由下式计算:

$$v=\frac{M\sum_{i=A}^{B}T_iH_i-\left(\sum_{i=A}^{B}T_i\right)\left(\sum_{i=A}^{B}H_i\right)}{M\sum_{i=A}^{B}T_i^2-\left(\sum_{i=A}^{B}T_i\right)} \tag{11-1}$$

式中 v——澄清界面的初始沉降速度,mm/s;

T_i——某一累计时刻($i=0,1,2,3,\cdots,n$),s;

H_i——对应于 T_i 的澄清界面累计下降距离,mm;

A——直线段起始端型值点顺序号(一般 $A=1$);

B——直线段末端型值点顺序号;

M——直线段 A 到 B 的型值点的累计个数。

$$M=B-A+1 \tag{11-2}$$

11.3 仪器设备与材料

(1) 仪器设备

带橡胶塞的磨口圆柱筒(容量 500 mL),磁力搅拌器,吸管,称量瓶,湿式分样器。

(2) 材料与试剂

粉状聚丙烯酰胺，—0.5 mm 浮选尾煤 500 g。

(3) 粉状聚丙烯酰胺水溶液的配制

摇动盛有粉末状絮凝剂的试剂瓶，使之混合均匀。用牛角勺以最少的次数将絮凝剂装进已知质量的洁净而又干燥的称量瓶中，称取 0.25 g，同时按 0.1% 的溶液浓度以式(11-3)求出稀释水的体积 V_p。

$$V_p=\frac{G(C-C_p)}{C_p} \tag{11-3}$$

式中　V_p——添加水量，mL；

G——称量的商品絮凝剂的质量，g；

C——商品絮凝剂的纯度(以小数表示)，%；

C_p——所配制的絮凝剂水溶液，%。

将所求出的稀释水使用量筒量好并注入 500 mL 烧杯中，再将烧杯置于磁力搅拌器上，放入搅拌棒，开启磁力搅拌器，调整转速使液体产生强烈涡流。再将称好的絮凝剂均匀分散地撒在涡流面上，待絮凝剂全部撒完后，将磁力搅拌器转速调至 300～400 r/min，搅拌 2 h，使絮凝剂颗粒完全溶解。若搅拌完毕后仍有未溶解的聚团颗粒，此溶液作废，重新配制。

11.4　实验过程与步骤

(1) 称取煤样 40 g。

(2) 按药剂配制方法配制 0.1%聚丙烯酰胺 100 mL。

(3) 将称好的煤样仔细倒入 500 mL 量筒中，并注入少量清水进行润湿，上下倒置，直至煤样全部润湿并分散在水中为止。

(4) 用普通坐标纸制成纸带，黏附于 500 mL 量筒壁上，以页面为原点，单位为 mm，方向向下建立纵坐标系(图 11-1)。

(5) 将蛇形日光灯管扭成垂直状，开启开关，放置在量筒附近，以观察量筒澄清界面的形成和下降情况。

(6) 量筒静置，用移液管抽出与所加絮凝剂溶液体积相同的澄清液。

(7) 根据 0.8 g/mL 的药剂单元耗量计算，用注射器吸取絮凝剂溶液 4 mL，一次性加入待实验的量筒中，盖紧橡胶塞。

(8) 将量筒上下翻转 5 次，转速以每次翻转时气泡上升完毕为止。

(9) 当翻转结束后，迅速将量筒立于日光灯前，并立即开始计时。

(10) 每经过 5～10 s 记录一次澄清界面的下降位置。开始时沉降速度较快，以 5 s 为记录间隔，待澄清界面接近压缩区时，再以 10 s 为记录间隔，直至沉淀物的压缩体积不发生明显变化时为止。

(11) 本实验如提出正式报告时，须做平行实验。

(12) 实验中注意事项：

① 固体聚丙烯酰胺用量少，称量时要准确到 0.01 g。

② 在聚丙烯酰胺水溶液的配制搅拌过程中，如出现丝状絮状物，应继续搅拌，直至其完全溶解为止。

③ 在量筒上下翻转过程中，翻转次数、力度和时间应基本一致。

④ 翻转结束，立即放置日光灯前并启动秒表计时。

⑤ 在记录沉降高度时，应由 1 人报数另 1 人负责记录数据。

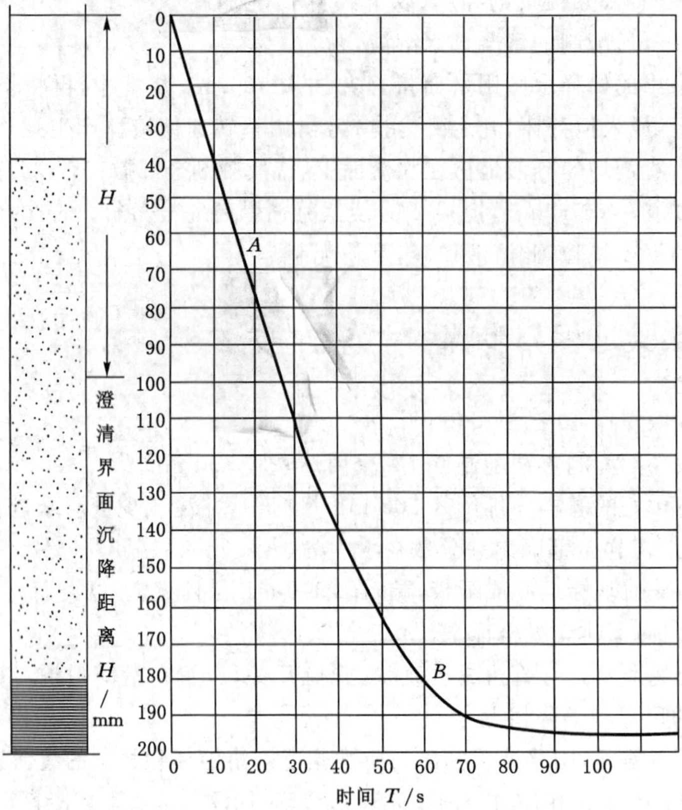

图 11-1 澄清界面沉降曲线

11.5 实验数据的记录与整理

(1) 将实验数据填入表 11-1 中。

(2) 以澄清液面下降距离为纵坐标、沉降时间为横坐标绘制沉降曲线。

(3) 在沉降曲线上,沉降起始点至压缩状态出现之前的线段内,以直线段部分的斜率为沉降速度值,也可用式(11-1)计算。

(4) 两次平行实验的相对误差不超过 8%,以算术平均值作为实验基础数据。

(5) 实验报告

① 叙述实验目的和实验的主要过程。

② 计算初始沉降速度。

③ 将实验数据填入表 11-1 中。

④ 绘制沉降曲线。

⑤ 实验总结。

表 11-1 煤泥水絮凝剂沉降实验结果表

煤泥水来源: 絮凝剂:相对分子质量________

煤泥水浓度: 名　称________

取样日期: 类　型________

实验日期: 溶液浓度________

配制日期________

顺序号	絮凝剂用量/(g/mL)			
	0.8			
	甲样		乙样	
	时间/s	距离/mm	时间/s	距离/mm
1	5		5	
2	…		…	
3				
⋮				
n				
初始沉降速度/(cm/min)				
平均初始沉降速度/(cm/min)				
上澄清液浓度/(g/L)				
沉积物高度/cm				

11.6 思考题

(1) 在此实验中,如煤泥中细泥含量较高,沉降后的澄清水会出现什么现象?试从理论上分析之。如果要使澄清水变清,你将采用什么办法?

(2) 聚丙烯酰胺的絮凝机理是什么?

12 煤泥过滤实验

12.1 实验目的

(1) 了解实验用过滤装置的基本结构和工作原理,并掌握其操作方法和具体步骤。

(2) 了解煤泥过滤脱水的难易程度。

(3) 学会煤泥过滤特性的测定方法。

12.2 实验原理

煤泥过滤特性是指煤泥在真空过滤装置中脱水的难易程度。在过滤过程中,当过滤刚刚开始时,滤液要通过过滤介质(滤布),必须克服过滤介质对滤液流动产生的阻力,而过滤介质表面上形成滤饼后,滤液则必须克服滤饼和过滤介质的叠加阻力,当滤饼沉积到相当厚度时,滤饼的阻力远远大于过滤介质的阻力,此时过滤介质阻力的影响已不重要,甚至可忽略不计,滤饼阻力对滤液流的流动将产生决定性的影响。因此,《选煤厂煤泥过滤性测定方法》(MT 260—1991)中规定用滤饼体积比阻 μ 作为煤泥过滤特性的评价参数。

滤饼体积比阻($1/m^2$)是指使悬浮液体中黏度为 1 Pa·s 的液体,以 1 m/s 的速度通过 1 m 厚的滤饼层所需要的压力差(真空度)。

滤饼体积比阻按下式计算:

$$\gamma=\frac{2pM}{X\mu} \tag{12-1}$$

式中 γ——滤饼体积比阻,$1/m^2$;

p——真空度,Pa;

M——斜率,s/m^2;

μ——滤液的动力黏度,Pa·s;

X——滤饼容积与滤液容积的比值。

12.3 仪器设备与材料

本实验所用的仪器设备与材料如表 12-1 所示。

表 12-1 仪器设备与材料明细表

序号	名称	单位	数量	规格
1	布氏漏斗	个	2	见图 12-1
2	滤布	m^2	0.5	滤网孔径 0.038 mm,材质为尼龙
3	滤液计量管	个	2	容积 700 mL
4	吸滤瓶	个	2	容积 1 500 mL
5	真空管	个	1	极限真空度 0.05 Pa
6	真空表	个	1	最小分度值 2 666 Pa(20 mmHg)
7	调节阀	个	1	暖气片用放气阀
8	橡胶管	m	4	直径 15 mm
9	硬质橡胶管	m	4	直径 9 mm
10	T 型管	个	1	直径 8 mm
11	二通活塞	个	3	直径 8 mm
12	三通活塞	个	1	直径 8 mm
13	量筒	个	5	容积 1 000 mL
14	秒表	块	1	最小分度值 0.1 s
15	电子天平	台	1	最大称重 2 kg,感重 10 mg
16	分析天平	台	1	最大称重 200 g,感重 0.1 mg
17	电热板	个	1	3 kW
18	干燥器	个	1	直径 300 mm 底部放置变色硅胶
19	搪瓷盆	个	10	容积 1 000 mL
20	烧杯	个	1	容积 1 000 mL
21	湿式分样机	台	1	分样误差小于 0.02
22	深度游标卡尺	个	1	最小分度值 0.02 mm
23	电热干燥箱	台	1	调温范围 25～200 ℃

12.4 仪器设备的使用方法

12.4.1 实验装置

煤泥过滤实验装置如图 12-1 所示。

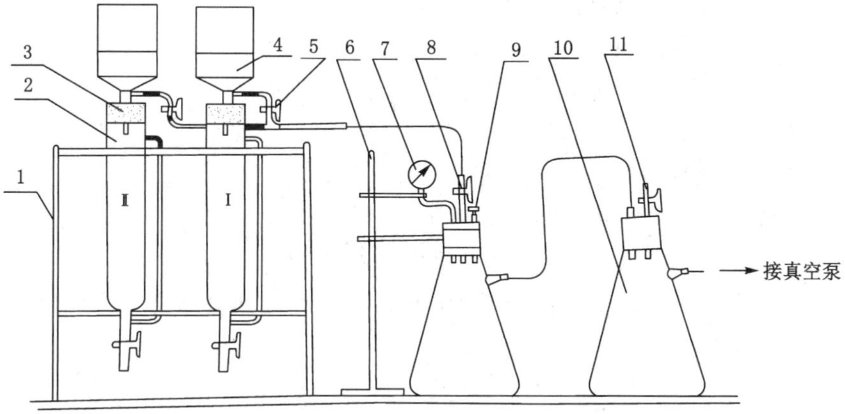

1—架子;2—滤液计量管;3—橡皮塞;4—布氏漏斗;5—二通活塞;6—架子;
7—真空表;8—三通活塞;9—调节阀;10—吸滤瓶;11—活塞。

图 12-1 煤泥过滤实验装置示意图

12.4.2 使用方法

(1) 按图 12-1 将过滤装置装好。

(2) 关闭活塞 5 和 8,接通真空泵,调整活塞 11 和调节阀 9,使真空度达到 $(4\pm0.1)\times10^4$ Pa。此时,过滤装置调试完毕,即可将试样装入布氏漏斗 4 中,同时打开二通活塞 5,过滤过程开始。

12.5 实验过程与步骤

(1) 按仪器设备使用方法,将煤泥过滤实验装置调至待用状态。

(2) 将浮选精煤配成 300～400 g/L 浓度的煤浆 2 000 mL,煤样粒度要小于 0.5 mm。

(3) 取 800～1 000 mL 煤浆注入量筒中并上下翻转 5 次,使煤样彻底湿润,一次注入布氏漏斗 4 中,同时打开二通活塞 5,并从滤液计量筒读取并记录滤液体积(V)和间隔时间(t),直到滤饼表面可见水分消失时,立即打开三通活塞 8,使之与大气相通,过滤完毕。

(4) 滤饼密度测定

用深度游标卡尺测量滤饼不同对称位置8个点的厚度,并称重。滤饼密度按下式计算:

$$\rho_1=\frac{G}{A\times H} \tag{12-2}$$

式中 ρ_1——滤饼密度,kg/m^3;

A——滤饼面积(即滤板面积),m^2;

H——8个测点滤饼厚度的平均值,m;

G——滤饼质量,kg。

(5) 煤浆试样质量浓度的测定

用湿式分样机缩取约500 mL煤浆,称量后放入1 000 mL烧杯中,用电热板加热,到大部分水蒸发后,放入电热干燥箱中,控制温度105~110 ℃,干燥1~1.5 h,然后取出放入干燥器中冷却至室温,再称干试样质量。试样质量浓度按式(12-3)计算

$$C=\frac{G_2}{G_3}\times 100 \tag{12-3}$$

式中 C——试样质量浓度,%;

G_2——干试样质量,kg;

G_3——煤浆试样质量,kg。

(6) 实验中注意事项

① 煤泥过滤装置的连接应密实,不得漏气。

② 所需煤浆最好提前1~2 h配好,放置待用。

③ 实验时要有分工,V和t数据的读取和记录要同时进行。

④ 实验时装入试样多少,视布氏漏斗而定。

⑤ 提出正式报告时,要求做平行实验。

12.6 实验数据的记录与整理

(1) 实验所获数据按表12-2和表12-3进行记录和整理。

(2) 表12-2和表12-3是示例表,表前记录实验时间、试样来源及实验条件等。

(3) 滤饼容积和滤液容积比值X的计算。

采样日期________采样间隔时间________测定日期________

滤板面积:60 cm^2 真空度:$(4\pm0.1)\times10^4$ Pa

水温：20 ℃，滤液动力黏度：$\mu=1.135\times10^{-3}$ Pa·s

每份试样体积 800 mL，煤浆浓度约 300 g/L

比值 X 按式(12-4)计算：

表 12-2　过滤体积和过滤时间对应表

滤液体积 V_i/mL	过滤时间 t_i/s		校正后过滤体积 V'_i /(×10³ m)	校正后过滤时间 t'_i/s		t'_i/V'_i /(s/m)		V_i^2 /(×10⁵ m²)
	1	2		1	2	1	2	
1	2	3	4	5	6	7	8	9
60	12.99	13.47	—	—	—	—	—	—
80	35.42	35.64	3.333	22.43	22.17	6.730	6.652	1.111
100	62.22	62.89	6.667	49.23	49.42	7.384	7.412	4.444
120	95.08	95.14	10.000	82.09	81.67	8.209	8.167	10.000
140	132.33	133.86	13.333	119.34	120.39	8.951	9.029	17.778
160	176.99	174.33	16.667	164.00	160.86	9.840	9.651	27.778
180	222.77	222.46	20.000	209.78	208.99	10.489	10.450	40.000
200	278.39	274.11	23.333	265.40	260.64	11.374	11.294	54.444
220	337.61	337.33	26.667	324.62	323.86	12.173	12.108	71.111

注：1,2 为平行测定的两个试样(以下同)。

表 12-3　滤饼厚度

厚度/mm	测定点								
	1	2	3	4	5	6	7	8	H
1	42.00	41.98	41.66	41.86	41.54	41.78	41.94	41.88	41.83
2	41.34	41.42	41.28	41.66	41.32	41.38	41.28	41.44	41.39

$$X=\frac{\rho_2\times C}{\rho_1}(100-M_t-C) \tag{12-4}$$

式中　ρ_2——滤液密度(取值 1 012)，kg/m³；

M_t——滤饼全水分，%。

(4) t'/V'-V'图的斜率 m 的计算。

t'/V'-V'图是以过滤时间 t 和对应滤液的体积 V 的比值为纵坐标，以单位面积上通过的滤液体积为横坐标的曲线图，该曲线为一直线。如图 12-2 所示。

在绘图前，需要对过滤液体积(V)和过滤间隔时间(t)进行校正。即将表 12-2 中的 1,2,3 栏校正成 4,5,6 栏。校正公式如下：

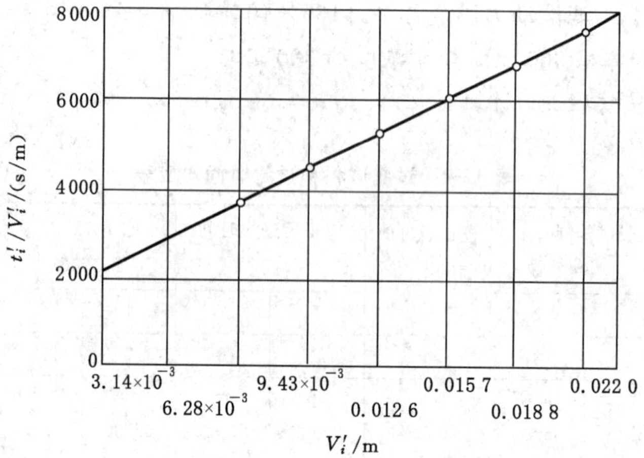

图 12-2　t'/V'-V'曲线示意图

$$V'_i=\frac{V_i-V_1}{A} \tag{12-5}$$

$$t'_i=t_i-t_1 \tag{12-6}$$

式中　V'_i——校正后的单位面积上的过滤体积，m；

V_i——某一时间间隔过滤液体积，mL；

V_1——第一次测得过滤液体积，mL；

A——滤板面积，m^2；

t'_i——校正后的过滤时间，s；

t_i——某一测定时间间隔，s；

t_1——第一次测定的时间间隔，s；

i——测定点($i=1,2,3,\cdots,n$)。

① 按式(12-5)、式(12-6)对 1,2,3 栏数据进行校正，得出 4,5,6 栏，然后用 5 栏除以 4 栏，6 栏除以 4 栏，得出 7,8 栏，即过滤时间对过滤体积的比值 t'/V'。

② 用 7,8 栏的算术平均值作为纵坐标，4 栏作为横坐标，画出 t'/V'-V'图。

③ t'/V'-V'图为一直线，其斜率为 M，M 也可用最小二乘法求出，其计算式如下：

$$M=\frac{\sum_{i=1}^{n}V'_i\sum_{i=1}^{n}\left(\frac{t'_i}{V'_i}\right)-n\sum_{i=1}^{n}t'_i}{\left(\sum_{i=1}^{n}V'_i\right)^2-n\sum_{i=1}^{n}(V'_i)^2} \tag{12-7}$$

④ 利用式(12-1)计算滤饼体积比阻(式中的滤液动力黏度在 20 ℃左右可

近似取 $\mu=1.135\times10^{-3}$ Pa·s)

(5) 实验报告

① 叙述实验目的和实验过程。

② 画出实验装置图,并说明各部组件的作用。

③ 按表 12-2 和表 12-3 记录数据,并进行相应计算。

④ 画出 t'/V'-V' 图并求出斜率 M。

⑤ 计算滤饼体积比阻,并判断该煤泥的过滤特性。

⑥ 简述实验后的收获体会。

⑦ 平行实验测得的误差值 μ 不得超过 8%。

12.7 思考题

(1) t'/V'-V' 图斜率的具体含义是什么?

(2) 为什么规定平行实验测得的误差值 μ 不得超过 8%?

13 分析煤样的制备

13.1 实验目的

(1) 了解煤样的制备过程。

(2) 掌握煤样制备过程中设备的使用。

13.2 实验原理

试样制备的目的是通过破碎、混合、缩分和干燥等步骤将采集来的煤样制备成能代表原来煤样特性的分析(实验)用煤样。

制样应在专门的制样室中进行,制样中应避免样品污染,每次制样后应将制样设备清扫干净,制备煤样人员在制样过程中应穿专用鞋。

13.3 仪器设备与材料

(1) 仪器设备

破碎机:粗碎机、中碎机、细碎机(磨煤机)各 1 台,筛分机 3 台(筛面可更换,应包括各种筛孔尺寸的筛面),缩分机 1 台或二分器 1 套,给料簸箕大、中、小各 1 个,台秤 2 kg、500 kg 各 1 台,烘箱 1 个。

(2) 材料与试剂

一般入选原煤煤样,质量大于等于 170 kg。

13.4 实验过程与步骤

一般分析实验煤样应满足一般物理化学性质参数测定有关国家标准要求,一般制备程序如图 13-1 所示。

一般分析实验煤样的缩分应尽量使用机械缩分方法,若用人工方法,则粒度小于 13 mm 时,最好使用二分器。粒度小于 3 mm 的煤样,如使之全部通过 3 mm 圆孔筛,则可用二分器直接缩分出不少于 100 g 用于制备一般分析实验煤

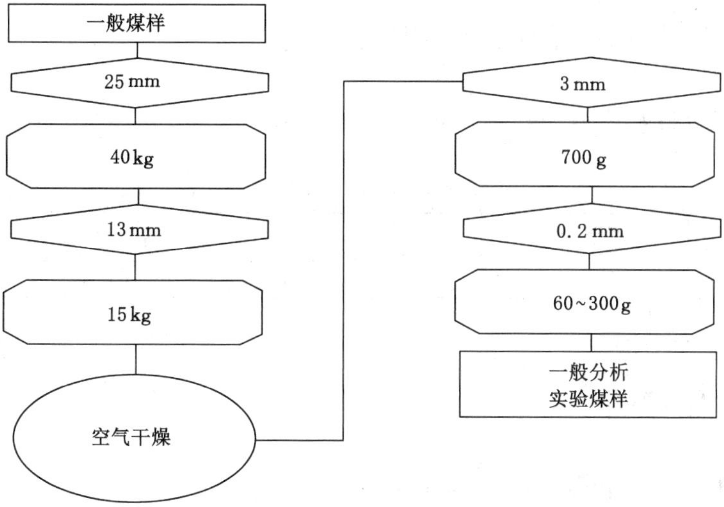

图 13-1　一般分析实验煤样制备程序示例

样。在粉碎成粒度小于 0.2 mm 的煤样之前，应用磁铁将煤样中铁屑吸出，再粉碎到全部通过孔径为 0.2 mm 的筛子，在煤样达到空气干燥状态后装入煤样瓶中。缩分后总样最小质量如表 13-1 所示。

表 13-1　缩分后总样最小质量

标称最大粒度/mm	一般煤样和共用煤样/kg	全水分煤样/kg	粒度分析煤样/kg	
			精密度(1%)	精密度(2%)
150	2 600	500	6 750	1 700
100	1 025	190	2 215	570
80	565	105	1 070	275
50	170	35	280	70
25	40	8	36	9
13	15	3	5	1.25
6	3.75	1.25	0.65	0.25
3	0.7	0.65	0.25	0.25
1.0	0.10	—	—	—

13.5 实验数据的记录与整理

将实验结果记录于表 13-2 中。

表 13-2 实验记录表

缩分阶段	入选原煤煤样	≤25 mm	≤13 mm	≤3 mm	≤0.2 mm
质量/kg					

13.6 思考题

制样过程中有哪些常用的缩分方法?

14 煤灰分的测定

14.1 实验目的

(1) 了解马弗炉的结构、工作原理及操作过程。

(2) 了解灰分的计算方法及测量灰分的目的。

14.2 实验原理

称一定量的一般分析实验煤样，放入马弗炉或快灰仪中，以一定的速度加热到(815±10)℃，灰化并灼烧到质量恒定，以残留物的质量占煤样质量的百分数作为灰分产率。

GB/T 212—2008 中规定了缓慢灰化法和快速灰化法两种测定煤中灰分的方法。缓慢灰化法为仲裁法；快速灰化法用于选煤厂生产检查。

14.3 仪器设备与材料

(1) 仪器设备

① 马弗炉：能保持温度为(815±10)℃，炉膛有足够的恒温区，炉后壁的上部带有直径为 25～30 mm 的烟囱，下部离炉膛底 20～30 mm 处有一个插热电偶的小孔。炉门上有一个直径为 20 mm 的通气孔。马弗炉的恒温区应在关闭炉门下测定，并至少每年测定一次。高温计(包括毫伏计和热电偶)至少每年校准一次。

② 分析天平：感量 0.000 1 g。

③ 干燥器：内装变色硅胶或粒状无水氯化钙。

④ 耐热瓷板、石棉板和坩埚架及坩埚夹。

⑤ 灰皿：瓷质，长方形，底面长 45 mm，底宽 22 mm，高 14 mm；上口长 55 mm，宽 25 mm。如图 14-1 所示。

(2) 材料与试剂

待测煤样 2 g。

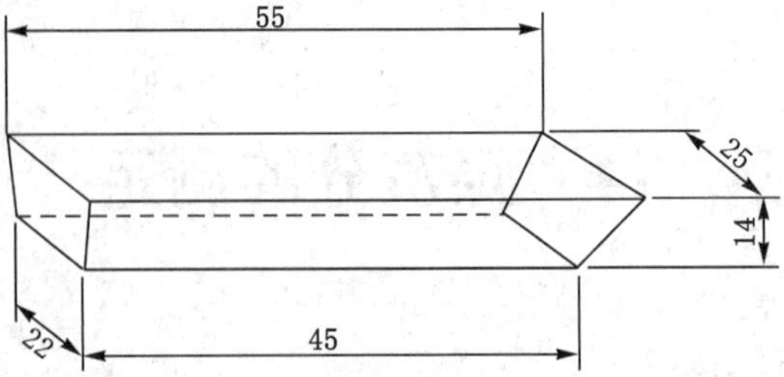

图 14-1 灰皿(单位为 mm)

14.4 实验过程与步骤

(1) 在预先灼烧至质量恒定并已称量(称准至 0.000 2 g)的灰皿中，称取粒度小于 0.2 mm 的一般分析实验煤样(1±0.1)g(称准至 0.000 2 g)，均匀地摊平在灰皿中，使其每平方厘米的质量不超过 0.15 g。

(2) 将灰皿送入温度不超过 100 ℃的马弗炉恒温区中，关上炉门使炉门留有 15 mm 左右的缝隙。在不少于 30 min 的时间内将炉温缓慢升至 500 ℃，并在此温度下保持 30 min。继续升温到(815±10)℃，并在此温度下灼烧 1 h。

(3) 从炉中取出灰皿，放在耐热瓷板或石棉板上，在空气中冷却 5 min 左右，移入干燥器中冷却至室温(约 20 min)后称量。

(4) 进行检查性灼烧，温度为(815±10)℃，每次 20 min，直到连续两次灼烧后的质量变化不超过 0.001 0 g 为止。以最后一次灼烧后的质量为计算依据。若灰分小于 15.00%时，则不必进行检查性灼烧。

14.5 实验数据的记录与整理

(1) 空气干燥煤样的灰分产率按式(14-1)计算：

$$A_{ad}=\frac{m_1}{m}\times 100\% \tag{14-1}$$

式中 A_{ad}——空气干燥煤样的灰分产率，%；

m_1——残留物的质量，g；

m——空气干燥煤样的质量，g。

(2) 编写实验报告。

煤灰分的测定结果如表 14-1 所示。

表 14-1 煤灰分的测定记录表

记录数据	煤样编号			
	1	2	3	4
空坩埚质量/g				
实验前煤样质量/g				
实验后煤样质量/g				
所测煤样灰分/%				

14.6 思考题

(1) 灰分测定有哪些作用或意义?

(2) 影响灰分测定的主要因素有哪些? 如何减少这些因素的干扰?

15 煤炭的水分测定

15.1 实验目的

通过实验使学生了解烘箱的使用和水分测量的操作过程。

15.2 实验原理

实验主要原理是加热失重法。称取一定量的煤样，在特定的介质流（空气或氮气等）中加热，使煤样中的水分受热蒸发，用实验前后煤样的质量差值求出水分含量。加热方法可以使用炉子也可微波加热。

15.3 仪器设备与材料

(1) 仪器设备

① 鼓风干燥箱：带有自动控温装置，能保持温度在 105～110 ℃范围内。

② 玻璃称量瓶、干燥器、分析天平：感量 0.001 g。

(2) 材料与试剂

待测煤样 2 g。

15.4 实验过程与步骤

(1) 在预先干燥和已称量过的称量瓶内称取粒度小于 0.2 mm 的一般分析实验煤样(1±0.1)g（称准至 0.000 2 g），摇匀、摊平在称量瓶中，记录煤样质量。

(2) 打开称量瓶盖，放入预先鼓风并已加热到 105～110 ℃的鼓风干燥箱中。烟煤干燥 1 h，褐煤和无烟煤干燥 1.5 h。在称量瓶放入干燥箱前 3～5 min 开始鼓风，这样预先鼓风可使干燥箱内温度均匀。

(3) 从干燥箱中取出称量瓶，立即盖上盖子，放入干燥器中冷却至室温（约 20 min）后称量。

(4) 进行检查性干燥，每次 30 min，直至连续两次干燥煤样质量减少不超过

0.001 0 g 或质量增加为止。在后一种情况下，采用增加前一次的质量作为计算依据。当水分小于 2%时，不必进行检查性干燥。

15.5 实验数据的记录与整理

(1) 按式(15-1)计算一般分析实验煤样的水分：

$$M_{ad}=\frac{m_1}{m}\times 100\% \tag{15-1}$$

式中 M_{ad}——一般分析实验煤样水分，%；

m_1——煤样干燥后失去的质量，g；

m——称取一般分析实验煤样的质量，g。

(2) 实验数据记录

实验记录表如表 15-1 所示。

表 15-1　分析煤样水分测定记录表

记录数据	煤样编号			
	1	2	3	4
实验前分析煤样质量/g				
实验后煤样质量/g				
所测分析煤样水分/%				

15.6 思考题

为什么从干燥箱中取出称量瓶时，要立即盖上盖子？如果不盖上盖子会导致测量水分增加还是减少？

16　煤炭挥发分测定

16.1　实验目的

(1) 了解实验仪器马弗炉的使用以及挥发分测量的操作过程，学会挥发分的计算。

(2) 了解固定碳含量的计算方法。

16.2　实验原理

煤在规定条件下隔绝空气加热进行水分校正后的质量损失即为挥发分。去掉挥发分后的残渣叫焦渣。挥发分不是煤中原来固有的挥发性物质，而是煤在严格规定条件下，加热时的热分解产物，确切地说，煤中挥发分应叫挥发分产率。煤的挥发分主要是由水分、碳氢氧化物和碳氢化合物(CH_4为主)组成，但物理吸附水(包括外在水和内在水)和矿物质生成二氧化碳不属于挥发分范围。

16.3　仪器设备与材料

(1) 仪器设备

① 挥发分坩埚：带有配合严密盖的瓷坩埚，形状和尺寸如图 16-1 所示，坩埚总质量为 15～20 g。

② 马弗炉：带有高温计和调温装置，温度能保持在(900±10)℃，并有足够的(900±5)℃的恒温区。炉子的热容量为当起始温度为 920 ℃左右时，放入室温下的坩埚架和若干坩埚，关闭炉门后，在 3 min 内恢复到(900±10)℃。炉后壁有一排气孔和一插热电偶的小孔。小孔位置应使热电偶插入炉内后其热接点在坩埚底和炉底之间，距炉底 20～30 mm 处。

③ 坩埚架：用镍铬丝或其他耐热金属丝制成，规格尺寸以能使所有的坩埚都在马弗炉恒温区内，并且坩埚底部紧邻热电偶热接点上方，距炉底 20～30 mm 为准。如图 16-2 所示。

④ 坩埚架夹：形状如图 16-3 所示。

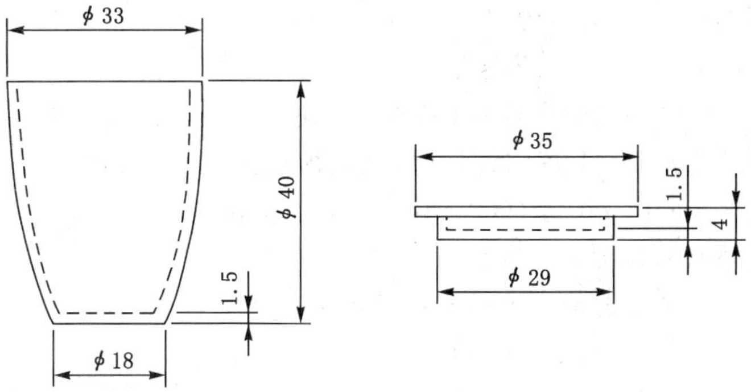

图 16-1 挥发分坩埚(单位为:mm)

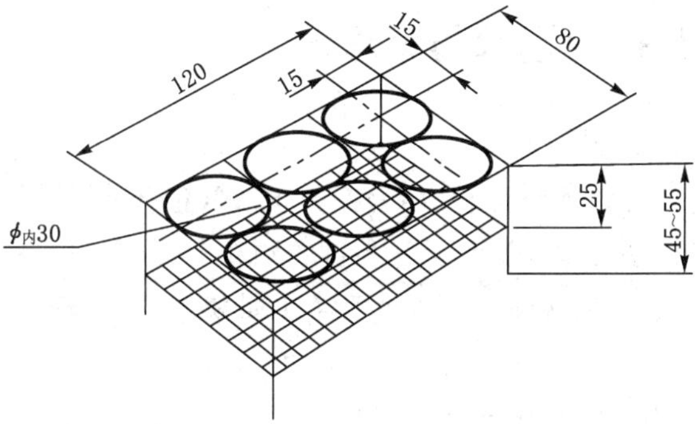

图 16-2 坩埚架(单位为 mm)

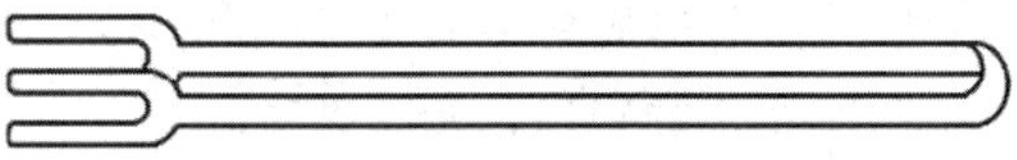

图 16-3 坩埚架夹

⑤ 干燥器:内装变色硅胶或粒状无水氯化钙。

⑥ 压饼机:螺旋式或杠杆式压饼机,能压制直径为 10 mm 的煤饼。

(2) 材料与试剂

待测煤样 5 g。

16.4 实验过程与步骤

(1) 在预先于 900 ℃温度下灼烧至质量恒定的带盖瓷坩埚中,称取粒度小于 0.2 mm 的空气干燥煤样(1±0.01)g(称准至 0.000 2 g),并记录煤样质量,然后轻轻振动坩埚，使煤样摊平，盖上盖，放在坩埚架上。褐煤和长焰煤应预先压饼，并切成宽度约 3 mm 的小块。

(2) 将马弗炉预先加热至 920 ℃左右。打开炉门，迅速将放有坩埚的坩埚架送入恒温区，立即关上炉门并计时，准确加热 7 min。坩埚及坩埚架放入后，要求炉温在 3 min 内恢复至(900±10)℃，此后保持在(900±10)℃，否则此次实验作废。加热时间包括温度恢复时间在内。

马弗炉预先加热温度可视马弗炉具体情况调节，以保证在放入坩埚及坩埚架后，炉温在 3 min 内恢复至(900±10)℃。

(3) 从炉中取出坩埚，放在空气中冷却 5 min 左右，移入干燥器中冷却至室温(约 20 mm)后称量。

16.5 实验数据的记录与整理

16.5.1 焦渣特征分类

按下列规定区分焦渣特征，其序号即为焦渣特征代号。

(1) 粉状：全部是粉末，没有相互黏着的颗粒；

(2) 黏着：用手指轻碰即成粉末或基本上是粉末，其中较大的团块轻轻一碰即成粉末；

(3) 弱黏结：用手指轻压即成小块；

(4) 不熔融黏结：用手指用力压才裂成小块，焦渣上表面无光泽，下表面稍有银白色光泽；

(5) 不膨胀熔融黏结：焦渣形成扁平的块，煤粒的界线不易分清，焦渣上表面有明显银白色金属光泽，下表面银白色光泽更明显；

(6) 微膨胀熔融黏结：用手指压不碎，焦渣的上、下表面均有银白色金属光泽，焦渣表面有较小的膨胀泡(或小气泡)；

(7) 膨胀熔融黏结：焦渣上、下表面有银白色金属光泽，明显膨胀，但高度不超过 15 mm；

(8) 强膨胀熔融黏结：焦渣上、下表面有银白色金属光泽，焦渣高度大于 15 mm。

16.5.2 结果计算

空气干燥煤样的挥发分 V_{ad} 按式(16-1)计算：

$$V_{ad}=\frac{m_1}{m}\times 100\%-M_{ad} \tag{16-1}$$

式中　V_{ad}——空气干燥煤样的挥发分产率，%；

m_1——煤样加热后减少的质量，g；

m——煤样质量，g；

M_{ad}——空气干燥煤样的水分，%。

挥发分测定结果如表 16-1 所示。

表 16-1 煤炭挥发分测定记录表

记录数据	煤样编号			
	1	2	3	4
空坩埚质量/g				
实验前分析煤样质量/g				
实验后煤样质量/g				
所测分析煤样挥发分/%				
焦渣特征代号				

16.6 思考题

测定煤的挥发分具有什么重要意义？

17　煤中全硫的测定

17.1　实验目的

（1）掌握煤中全硫测定的原理及操作方法。

（2）了解硫分的计算及煤炭硫分等级。

17.2　实验原理

采用库仑滴定法测定煤中的全硫。其测定原理如下：

煤样在 1 150 ℃高温和催化剂作用下，在空气流中燃烧，煤中各种形态的硫均被氧化和分解成二氧化硫和少量三氧化硫。

$$\text{有机硫}+O_2 \longrightarrow CO_2+H_2O+SO_2+FeS_2+O_2 \longrightarrow Fe_2O_5+SO_2 \quad (17\text{-}1)$$

$$2MSO_4 \longrightarrow 2MO+2SO_2+O_2\ (\text{M 指金属元素}) \quad (17\text{-}2)$$

$$2SO_2+O_2 \longrightarrow 2SO_3 \quad (17\text{-}3)$$

生成的硫氧化物被空气流带到电解池内，与水化合生成亚硫酸和少量硫酸。电解池内装有碘化钾、溴化钾溶液，有一对铂指示电极，一对铂电解电极。在硫氧化物进入电解池之前，指示电极对上存在着以下动态平衡：

$$2I^- - 2e \rightleftharpoons I_2 \quad (17\text{-}4)$$

$$2Br^- - 2e \rightleftharpoons Br_2 \quad (17\text{-}5)$$

二氧化硫进入溶液后与其中的碘和溴发生反应：

$$I_2+SO_2+2H_2O \longrightarrow 2I^- +SO_4^{2-} +4H^+ \quad (17\text{-}6)$$

$$Br_2+SO_2+2H_2O \longrightarrow 2Br^- +SO_4^{2-} +4H^+ \quad (17\text{-}7)$$

此时，指示电极对上的动态平衡被破坏，指示电极对的电位改变，引起电解电流增加，不断地电解出碘和溴，直至溶液中没有二氧化硫进入，电解产生的碘和溴不再被消耗，电极电位即恢复到滴定前的水平并重新建立动态平衡，电解碘和溴的行为停止。电解所消耗的电量(库仑)由库仑积分仪积分得到。根据法拉第电解定律(电极上产生 1 g 当量的任何物质需消耗 96 500 库仑电量)，计算出煤样所含硫的毫克数。

对于存在的少量 SO_3，是通过在仪器内设置一固定的校正系数或通过用标准样标定仪器进行校正,校正后的结果准确度高。

17.3 仪器设备与材料

(1) 仪器设备

① 自动库仑测硫仪,如图17-1所示。

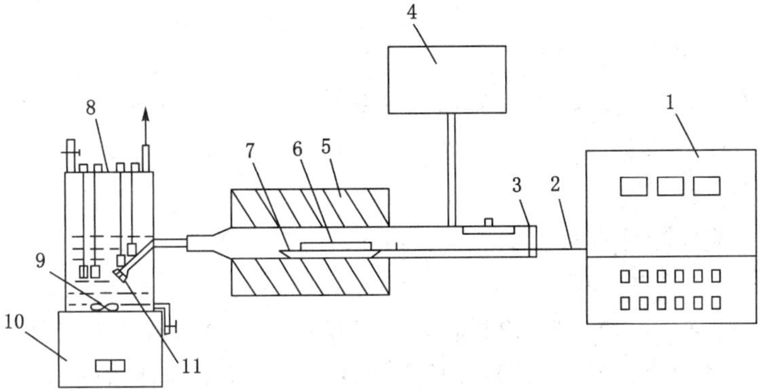

1—控制仪;2—推拉棒;3—石英燃烧管;4—气体净化系统;5—燃烧炉;6—瓷舟;
7—石英托盘;8—电解池;9—搅拌棒;10—磁力搅拌器;11—气体过滤器。

图17-1 自动库仑测硫仪装置图

自动库仑测硫仪包括以下各部分。

管式高温炉:用硅碳棒加热,能加热到1 200 ℃以上,有不少于70 mm长的(1 150±10)℃高温恒温带。炉内异径燃烧管能耐1 300 ℃以上高温,附有铂铑-铂热电偶测温及控温装置。

送样程序控制器:煤样可按规定的程序灵活前进、后退。

电磁搅拌器和电解池:电磁搅拌器的转速500 r/min且连续可调。电解池高120~180 mm,容量不少于400 mL,内有面积约150 mm^2的铂电解电极对和面积约15 mm^2的铂指示电极对。指示电极响应时间小于1 s。

库仑积分器:电解电流0~350 mA范围内积分线性误差小于±0.1%,配有4~6位数字显示器和打印机。

空气供应及净化系统:由电磁泵供应约1 500 mL/min的空气,抽气量约1 000 mL/min,经过装有氢氧化钠及变色硅胶的净化管净化、干燥。

② 燃烧舟

素瓷或刚玉制品,装样部分长约60 mm,耐温1 200 ℃以上。

(2) 材料与试剂

三氧化钨(HG 10-1129),变色硅胶(HG/T 2765.4),氢气化钠(GB/T 629);电解液:称取 5 g 分析纯碘化钾(GB/T 1272)、5 g 分析纯溴化钾(GB/T 649),加 10 mL 冰乙酸(GB/T 676),再加 250～300 mL 蒸馏水,溶解,搅拌均匀。

17.4 实验过程与步骤

(1) 将管式高温炉升温并控制在(1 150±10)℃。

(2) 开动供气泵和抽气泵将抽气流量调节到 1 000 mL/min。在抽气下将 250～300 mL 电解液加入电解池内,开动电磁搅拌器,再将旋钮转至自动电解位置。

(3) 在瓷舟中称取粒度小于 0.2 mm 的空气干燥煤样(0.05±0.005)g(称准至 0.000 2 g),并在煤样上覆盖一薄层三氧化钨。将瓷舟放在送样的石英托盘上,开启送样程序控制器,煤样将按照设定程序自动进入炉内燃烧,库仑滴定随即开始。库仑滴定结束后,石英托盘带着瓷舟自动退回,同时积分仪上显示并打印出煤中硫的含量(毫克数或百分含量)。

17.5 实验数据的记录与整理

很多测硫仪可以直接显示硫的含量。如果不显示硫的含量而只显示硫的毫克数,按下式计算:

$$S_{t,ad}=\frac{m_1}{m}\times100\% \tag{17-8}$$

式中 $S_{t,ad}$——空气干燥煤样中全硫含量,%;

m_1——库仑积分器显示值,mg;

m——煤样质量,mg。

硫分测定结果如表 17-1 所示。

表 17-1 硫分测定实验数据记录表

记录项目	实验序号			
	1	2	3	4
实验前煤样质量/g				
硫分/%				

17.6　思考题

选煤过程中使用的方法能否脱除煤炭中的硫元素？

18 煤炭发热量测定

18.1 实验目的

(1) 学习煤炭发热量测定的基本原理与方法。

(2) 了解发热量的计算方法。

18.2 实验原理

煤的发热量是在氧弹热量计中进行测定的。取一定量的试样置于充以纯氧的氧弹内燃烧,热量计的热容量通过在相近条件下燃烧一定量的基准量热物苯甲酸来确定,根据实验燃烧前后量热系统产生的温升,并对点火热等附加热进行校正后即可求得试样的弹筒发热量。

18.3 仪器设备与材料

(1) 仪器设备

氧弹热量计,燃烧皿,压力表,点火丝,氧气导管,点火导线,酸洗石棉绒,点火装置(点火采用 12～24 V 的电源,可由 220 V 交流电源经变压器供给),压片机,天平。

(2) 材料与试剂

氧气(至少 99.5%纯度,压力足以使氧弹充氧至 3.0 MPa),氢氧化钠标准溶液[c(NaOH)≈0.1 mol/L],甲基红指示剂(2 g/L),苯甲酸。

18.4 实验过程与步骤

(1) 按使用说明书安装调节热量计。

(2) 在燃烧皿中称取粒度小于 0.2 mm 空气干燥煤样或水煤浆干燥试样 0.9～1.1 g(称准至 0.000 2 g)。

对燃烧时易于飞溅的煤样,可先用已知质量的擦镜纸包紧再进行测试,或先在压饼机中压饼并切成粒度为 2～4 mm 的小块使用。不易燃烧完全的煤样，可先在燃烧皿底铺上一层石棉绒，用手指压实。如加石棉绒仍燃烧不完全，可提高充氧压力至 3.2 MPa；或用已知质量和发热量的擦镜纸包裹称好的煤样并用手压紧，然后放入燃烧皿中。

需快速测定水煤浆的发热量时，也可称取水煤浆试样。称样前搅拌水煤浆试样，使其无软硬沉淀成均一状态。将已知质量的擦镜纸双层折叠垫于燃烧皿中，快速称取水煤浆试样 1.5～1.8 g，称准至 0.000 4 g，迅速将试样包裹好后，将燃烧皿放在坩埚架上，立即进行实验。

(3) 在熔断式点火的情况下，取一段已知质量的点火丝，把两端分别接在两个电极柱上，保持良好的接触。把盛有煤样的燃烧皿放在支架上，调节下垂的点火丝与煤样保持良好的接触，对易燃或易飞溅的煤样保持微小的距离，并注意勿使点火丝接触燃烧皿，以免形成短路导致点火失败，甚至烧毁燃烧皿。同时还应注意防止两电极间以及燃烧皿与另一电极之间的短路。

在非熔断式点火情况下，当用棉线点火时，把已知质量的棉线的一端固定在已连接到两电极柱上的点火导线上(最好夹紧在点火导线的螺旋中)，另一端搭接在试样上，根据试样点火的难易，调节搭线的程度。对于易飞溅的煤样，应保持微小的距离。

向氧弹中加入 10 mL 蒸馏水。小心拧紧氧弹盖，注意避免燃烧皿和点火丝的位置因受震动而改变。接上氧气导管，缓缓向氧弹中充入氧气，直到压力达到 2.8～3.0 MPa，达到压力后的持续充氧时间不得少于 15 s；当钢瓶中氧气压力降到 5.0 MPa 以下时，充氧时间应酌情延长；压力降到 4.0 MPa 以下时，应更换新的氧气钢瓶。

(4) 往内筒中加入足够的蒸馏水，使氧弹盖的顶面(不包括突出的供排气阀和电极)淹没在水面下 10～20 mm。内筒水量应在所有实验中保持相同，相差不超过 0.5 g。

水量最好用称重法测定，如用容量法，则需对温度变化进行补正。注意恰当调节内筒水温，使终点时内筒温度比外筒温度高 1 K，以使终点时内筒温度出现明显下降。外筒温度应尽量接近室温，相差不超过 1.5 K。

(5) 把装好水的内筒放在外筒的绝缘支架上，再小心地把氧弹放入内筒中。如氧弹中无气泡漏出，表明气密性良好；如有气泡出现，表明漏气，找出原因，加以纠正，重新充氧。然后接上点火电极插头，装上搅拌器和量热温度计，盖上外筒和盖子。温度计的水银球(或温度传感器)应对准氧弹主体(进出气阀和电极除外)的中部，温度计和搅拌器均不得接触氧弹和内筒。靠近量热温度计的露出水银柱的部位(使用玻璃温度计时)，应另悬一支普通温度计，用以测定露出柱的温度。

(6) 开动搅拌器，5 min 后开始计时和读取内筒温度 t_0，并立即点火。随后记录外筒温度 t_j 和露出柱温度 t_e。外筒温度至少读到 0.05 K，内筒温度借助放大镜读到 0.001 K。读取温度时，视线、放大镜的中线和水银柱顶端应位于同一水平上，以避免视差对读数的影响。每次读数前，应开动振荡器振动 3～5 s。

(7) 观察内筒温度(注意：点火后 20 s 内不要把身体任何部位伸到热量计上方)。如果在 30 s 内温度急剧上升，表明点火成功。当用式(18-1)计算冷却校正值时，点火后 1′40″读取一次内筒温度 $t_{1'40''}$；接近终点时，开始按 1 min 间隔读取内筒温度。点火后最初几分钟内温度急剧上升，读数精确到 0.01 K 即可，但只要有可能，读数应精确到 0.001 K。

$$C=(n-a)v_n+av_0 \tag{18-1}$$

式中 C——冷却校正值，K；

n——由点火到终点的时间，min；

v_0——在点火时内、外筒温差的影响下造成的内筒降温速度，K/min；

v_n——在终点时内、外筒温差的影响下造成的内筒降温速度，K/min；

a——当 $(t_n-t_0)/(t_{1'40''}-t_0)\leqslant 1.20$ 时 $a=(t_n-t_0)/(t_{1'40''}-t_0)-0.10$，

当 $(t_n-t_0)/(t_{1'40''}-t_0)>1.20$ 时，$a=(t_n-t_0)/(t_{1'40''}-t_0)$。

(8) 以第一个下降温度作为终点温度 t_n，实验主要阶段至此结束。一般热量计由点火到终点的时间为 8～10 min，对某一台具体热量计，可根据经验恰当掌握。

若终点时不能观察到温度下降(内筒温度低于或略高于外筒温度时)，可以随后连续 5 min 内温度读数增量(以 1 min 间隔)的平均变化不超过 0.001 K/min 时的温度为终点温度 t_n。

(9) 停止搅拌，取出内筒和氧弹，开启放气阀，放出燃烧废气，打开氧弹，仔细观察弹筒和燃烧皿内部，如果有试样燃烧不完全的迹象或有炭黑存在，实验应作废。

找出未烧完的点火丝，量出长度，计算其实际消耗量。需要时，用蒸馏水充分冲洗弹内各部分、放气阀、燃烧皿内外和燃烧残渣；把全部洗液(共约 100 mL)收集在一个烧杯中供测硫用。

18.5 实验数据的记录与整理

自动测量仪一般会给出计算结果。如不给出结果，按下式计算。

空气干燥煤样或水煤浆试样的弹筒发热量 $Q_{b,ad}$：

$$Q_{b,ad}=\frac{EH[(t_n+h_n)-(t_0+h_0)+C]-(q_1+q_2)}{m} \quad (18\text{-}2)$$

式中　C——冷却校正值,K;

$Q_{b,ad}$——空气干燥煤样(或水煤浆试样)的弹筒发热量,J/g;

E——热量计的热容量,J/K;

q_1——点火热,J;

q_2——添加物如包纸等产生的总热量,J;

m——试样质量,g;

H——贝克曼温度计的平均分度值,$H=1$;

h_0——温度为 t_0时的毛细孔径修正值,使用数字显示温度计时,$h_0=0$;

h_n——温度为 t_n时的毛细孔径修正值,使用数字显示温度计时,$h_n=0$。

18.6　思考题

煤炭发热量与灰分之间存在什么关系?

19 烟煤胶质层指数测定

19.1 实验目的

(1) 掌握烟煤胶质层指数测定的原理及操作方法。

(2) 了解胶质层指数与烟煤黏结性之间的关系。

19.2 实验原理

按规定把一定粒度的煤样放在煤杯中,煤杯放在特制的电炉内以规定的升温速度进行单侧加热,煤样则相应形成半焦层、胶质层和未软化层三个等温层面,用探针测量出胶质体的最大厚度 Y,从实验的体积曲线测得最终收缩度 x。

由于加热是在煤杯底部进行的,所以加热到一定温度后,在杯内形成一系列的等温层面,它们的温度由下而上递增。温度达到煤的软化点以上的层面,煤软化而形成胶质体层(简称胶质层),如图 19-1 所示。

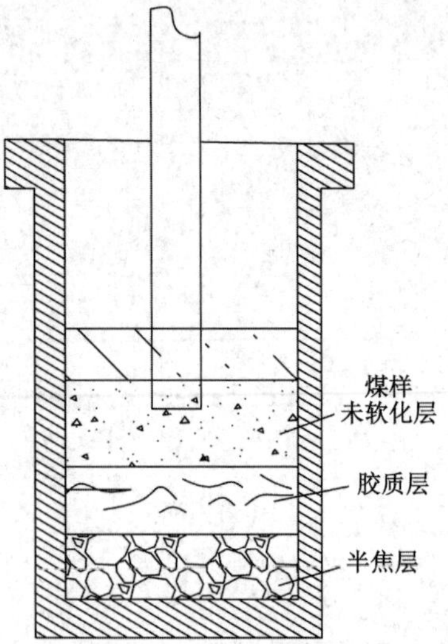

图 19-1 胶质层煤杯中的结焦过程示意图

19.3　仪器设备与材料

（1）仪器设备

① 双杯胶质层指数测定仪：有带砣的和不带砣的（除无平衡砣外，其他结构同图 19-2）两种类型。图 19-2 是带平衡砣的胶质层指数测定仪。

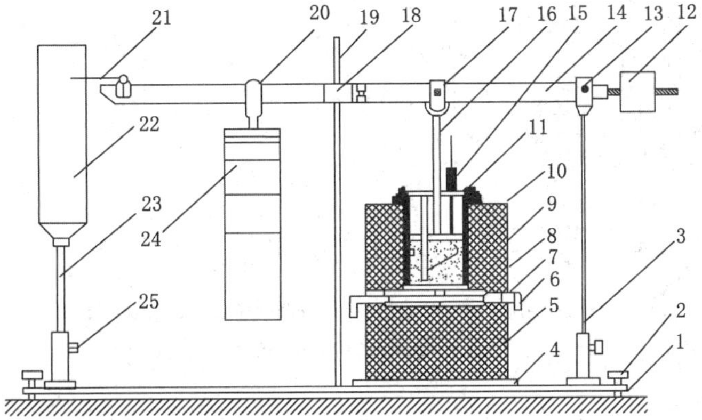

1—底座；2—水平螺丝；3—立柱；4—石棉板；5—下部砖垛；6—接线夹；7—硅碳棒；8—上部砖垛；9—煤杯；10—热电偶铁管；11—压板；12—平衡砣；13、17—活轴；14—杠杆；15—探针；16—压力盘；18—方向控制板；19—方向柱；20—砝码挂钩；21—记录笔；22—记录转筒；23—记录转筒支柱；24—砝码；25—固定螺丝。

图 19-2　带平衡砣的胶质层指数测定仪示意图

程序控温仪：温度低于 250 ℃时，升温速度约为 8 ℃/min，温度高于 250 ℃时，升温速度为 3 ℃/min。温度在 350～600 ℃期间，显示温度与应达到的温度差值不超过 5 ℃，其余时间不应超过 10 ℃。也可用电位差计（0.5 级）和调压器来控温。

② 煤杯由 45 号钢制成，其规格如下：外径 70 mm；杯底 59 mm；从距杯底 50 mm 处至杯口的内径 60 mm；从杯底到杯口的高度 110 mm。

煤杯和杯底如图 19-3 和图 19-4 所示。煤杯内壁应光滑。每使用 50 次，应检查一次煤杯的内径。检查方法：沿煤杯高度每隔 10 mm 测一内径，共测 6 个，所测得的平均值与煤杯的平均直径 59.5 mm 之差，不应超过 0.5 mm。杯底与杯体的间隙也不能大于 0.5 mm。

杯底和压力盘的尺寸及其上的析气孔的布置方式如图 19-4 所示。

胶质层层面探针（简称探针）：由直径为 1 mm 的钢针和铝制刻度尺组成，如

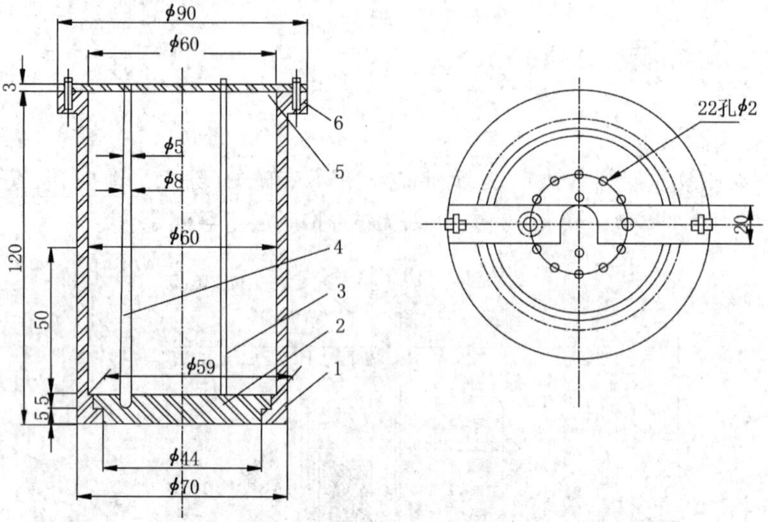

1—杯体；2—杯底；3—细钢棍；4—热电偶铁管；5—压板；6—螺丝。

图 19-3　煤杯及其附件(单位：mm)

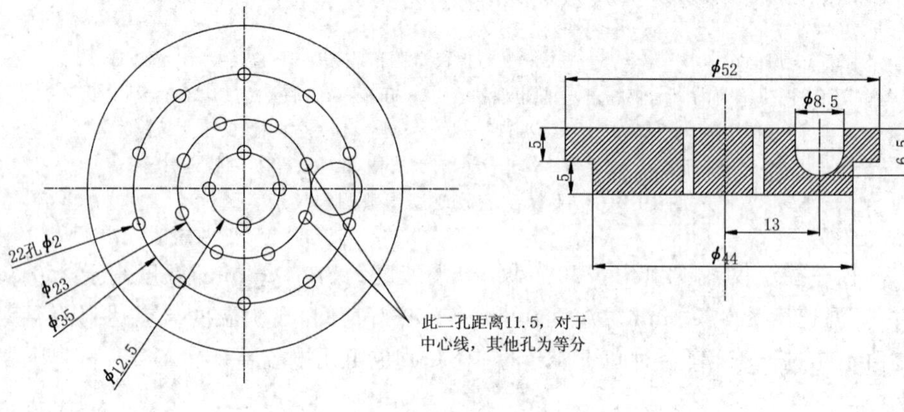

图 19-4　杯底(单位：mm)

图 19-5 所示，探针下端是钝头。刻度尺上的刻度单位为 1 mm，且刻度应平直清晰。对已装好煤样而尚未进行实验的煤杯，用探针测其纸管底部时，指针应指在刻度尺零点上。

胶质层指数测定仪：由上部砖垛和下部砖垛以及电热元件(如硅碳棒)组成。上、下部炉砖的物理化学性质应能保证对煤样的测定结果与用标准炉砖的测定结果一致。炉砖可同时放两个煤杯，称为前杯和后杯。

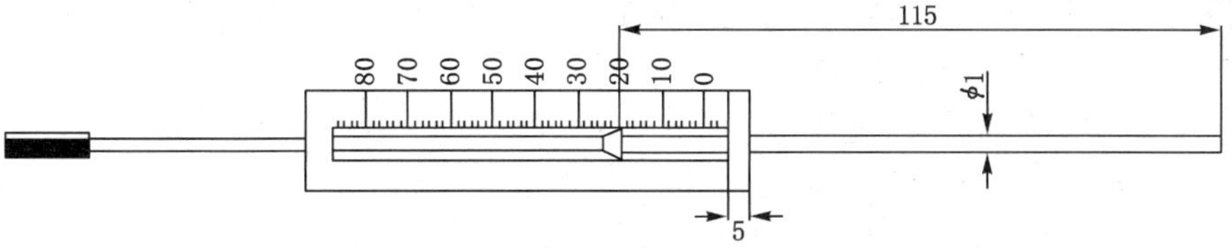

图 19-5　探针(单位:mm)

硅碳棒的规格和要求:电阻 6～8 Ω;使用部分长度 150 mm,直径 8 mm;冷端长度 60 mm,直径 16 mm;灼热部分温度极限 1 200～1 400 ℃。硅碳棒的灼烧强度能在距冷端 15 mm 处降下来。每个煤杯下面安装有两支电阻值相近的硅碳棒。也允许使用镍铬线加热盘,但必须能均匀加热,并确保升温速度和最终温度的要求。

③ 架盘天平:最大称量 500 g,感量 0.5 g。

④ 长方形小铲:宽 30 mm,长 45 mm。

⑤ 记录转筒:其转速应以记录笔每 160 min 绘出的长度为(160±2)mm 的线段为准。每月应检查一次记录转筒转速,检查时应至少测 80 min 所绘出的长度,并调整到符合标准。

⑥ 测定时,煤样横断面上所承受的压强 p 应为 9.8×10^4 Pa。

⑦ 不带平衡砣的仪器,检查压强可用以下公式:

$$Lm=L_1(Ap-m_1)-L_2m_2 \tag{19-1}$$

$$A=\frac{3.14(D^2-d^2)}{4} \tag{19-2}$$

式中 L——活轴轴心和杠杆上砝码挂钩的刻痕间的距离,cm;

m——砝码及砝码挂钩的总重,kg;

m_1——压力盘的质量,kg;

L_1——从活轴轴心到压力盘与杠杆连接的轴心的距离,等于 20 cm;

L_2——从活轴轴心到杠杆(包括记录笔部件)的重心距离,cm,重心用实测方法求出;

m_2——杠杆及记录笔部件的质量,kg;

p——煤样上承受的压强,等于 9.8×10^4 Pa;

A——煤样在煤杯中的横断面面积,约为 27.4 cm^2;

D——煤杯使用部分的平均直径,cm;

d——热电偶铁管的外径,cm。

为了检查压强,应测出式(19-1)中各项距离和质量,并代入该式。如式两端不相等，则应适当调整砝码质量，或在杠杆上另刻一新的刻痕以改变距离 L，直到式(19-1)的两端相等为止。

所用的热电偶及高温计都应校正，并附有校正表。

⑧ 对于带平衡砣的仪器，检查煤样负荷的方法如下：

首先调节平衡砣的位置，使其与带压力盘和记录笔部件的杠杆平衡(两边力矩相等，杠杆呈水平)，再将平衡砣固定。煤样横断面上所承受的压力按下式检查：

$$Lm = L_1 A p \tag{19-3}$$

式中各符号的意义同上。

量出式(19-3)中各项距离和质量，并代入该式，如其两端不相等，则应调整砝码质量或在杠杆上另刻一新的刻痕改变距离 L 直到式(19-3)的两端相等为止。

⑨ 热电偶：镍铬-镍铝电偶，一般半年校准一次。在更换或重焊热电偶后应重新校准。

⑩ 仪器的附属设备：从煤杯中推出焦块的推焦器、煤杯清洁用的机械装置和石棉圆垫切垫机。

此外，胶质层指数测定用的煤样应符合下列规定：采制样符合国家标准，缩制方法符合 GB/T 474—2008。煤样应用对辊式破碎机破碎到全部通过 1.5 mm 的圆孔筛，但不得过度粉碎。供确定煤炭牌号的煤样，应一律按 GB/T 5751—2009 中的有关规定进行减灰。胶质层指数测定用煤样必须严格防止氧化。为此，煤样应装在密封的容器中，且储存在阴凉处，从制样到实验的时间不应超过半个月。

(2) 材料与试剂

待测煤样 500 g。

19.4 实验过程与步骤

(1) 当上述准备工作就绪后，打开程序控温仪，通电加热，并控制两煤杯杯底升温速度如下：250 ℃以前为 8 ℃/min，并要求 30 min 内升到 250 ℃；250 ℃以后为 3 ℃/min。每 10 min 记录一次温度。温度在 350～600 ℃期间，实际温度和应达到的温度之差不得大于 5 ℃，在其他温度范围内，不得大于 10 ℃，否则实验报废。

在实验中按时记录“时间”和“温度”。“时间”从 250 ℃开始计算，以 min 为单位。

(2) 温度达到 250 ℃时，将记录笔尖接触记录纸，固定其位置，并转一圈转筒，画出“零点线”，再将笔尖对准起点，开始记录体积曲线。

(3) 对一般煤样，测量胶质层层面在体积曲线开始下降后几分钟开始(一般体积曲线下降约 5 mm 时开始测量；上部层面测值达 10 mm 左右时，开始测量下部层面)，到温度升至 650 ℃时停止。当煤样的体积曲线呈山形，或者胶质体流动性很大时，其胶质层层面的测定可适当提前停止，一般可在胶质层最大厚度出现后再对上、下层面各测 2～4 次即可停止，并立即用石棉绳或石棉绒把压力盘上的探测孔堵住，以免胶质体逸出。

(4) 测胶质层上部层面高度时，将探针刻度尺放在压板上，使探针通过压板和压力盘上的专用小孔小心地插入纸筒中，轻轻往下探测，直到探针下端触到胶质层层面(手感有阻力了为上部层面)。读取刻度，记作胶质层上部层面高度，同时记下时间。

(5) 测胶质层下部层面高度时，用探针首先测出上部层面，然后轻轻穿透胶质体到半焦表面(手感阻力明显加大为下部层面)，读取刻度，记作胶质层下部层面高度，同时记下时间。探针穿透胶质层和从胶质层中抽出时，均应小心缓慢。在抽出时应缓慢转动，防止带出胶质体或使胶质层内积存的煤气突然逸出，破坏体积曲线形状和影响层面位置。

(6) 根据转筒所记录的体积曲线的形状及胶质体的特性，来确定测量胶质层上、下层面的频率。

(7) 如果体积曲线呈之字形或波形，那么在曲线上升到最高点时，测上部层面高度，在曲线下降到最低点时，测上部、下部两层面高度。但是，下部层面不能测得次数太多，每隔 8～10 min 测一次即可。如果曲线起伏非常频繁，可以间隔 1～2 次起伏，在体积曲线的最高点和最低点测量上部层面，并每隔 8～10 min 在体积曲线的最低点测量一次下部层面。

(8) 如果体积曲线呈山形、平滑下降或微波形时，上部层面高度每 5 min 测一次，下部层面高度每 10 min 测一次。

(9) 当体积曲线分阶段符合上述典型情况时，上、下层面测量应分阶段按其特点依上述规定进行。

(10) 当体积曲线呈平滑斜降型时(属结焦性不好的煤，Y 值一般在 7 mm 以下)，胶质层上、下部层面往往不明显，总是一穿即达杯底。遇此种情况时，可暂停 20～25 min，使被测面恢复，然后以每 15 min 不多于 1 次的频数测量上部和下部层面，并力求准确地探测出下部层面的位置。

(11) 如果煤在实验时形成流动性很大的胶质体，下部层面的测定可稍晚开始，然后每隔 7～8 min 测量一次，到 620 ℃也应堵孔。在测量这样的煤的上、下部胶质层层面时，应特别注意，以免探针带出胶质体或胶质体溢出。

(12) 当温度达到 730 ℃时，实验结束。此时调节记录笔使之离开转筒，关闭电源，卸下砝码，使仪器冷却。

(13) 当胶质层测定结束后，必须等到上部砖垛完全冷却，或更换另一上部砖垛才可进行下一次实验。

(14) 在实验过程中，当煤气大量从杯底析出时，应不时地向电热元件吹风，使从杯底析出的煤气和炭黑烧掉，以免发生短路，烧坏硅碳棒、镍铬线或影响热电偶正常工作。

(15) 如实验时煤的胶质体溢出到压力盘上，或在香烟纸管中的胶质层层面骤然高起，则实验应作废。

19.5 实验数据的记录与整理

19.5.1 曲线的加工及胶质层结果测定

上、下层面高度结果如表 19-1 所示。

表 19-1 实验记录上、下层面高度

测量项目	测量次数							
	1	2	3	4	5	6	7	8
胶质体上层面高度/mm								
胶质体下层面高度/mm								
上、下层面高差/mm								

(1) 从转筒上取下记录纸。在上部水平方向标出温度(℃)，在下部水平方向标出时间(min)作为坐标。

在体积曲线下方，温度和时间坐标之间留一适当位置，在其左侧标出层面与杯底的距离作为纵坐标。根据记录表上所记录的各上、下层面位置及相应的时间，标出各对应的点，以平滑曲线连接，得到上、下层面曲线。如果上部层面曲线呈之字形，则应通过“之”字形部分各线段的中部连一平滑曲线作为最终的层面曲线，如图 19-6 所示。

(2) 取胶质层上、下部层面曲线之间沿纵坐标方向的最大距离(读准到 0.5 mm)作为胶质层最大厚度 Y，如图 19-6 所示。

(3) 取 730 ℃时体积曲线与零点线间的距离(读准到 0.5 mm)作为最终收缩度 x，如图 19-6 所示。

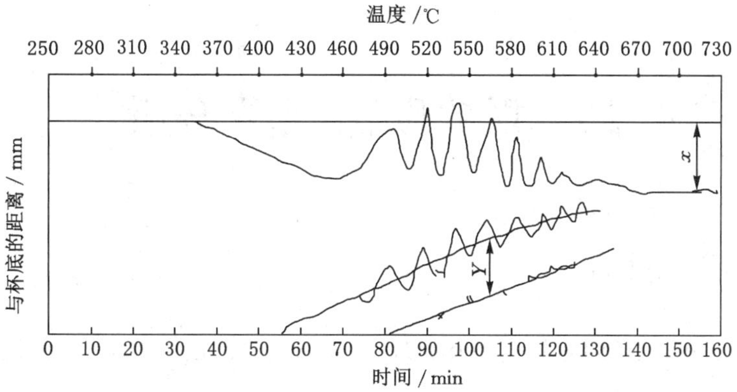

图 19-6　胶质层曲线加工示意图

（4）将整理完毕的曲线图，标明试样的编号，贴在记录表上一并保存。

19.5.2　焦块技术特征的鉴定

焦块的技术特征可以从以下六个方面来鉴定。

（1）缝隙：缝隙的鉴定以焦块底面为准，一般以无缝隙、少缝隙和多缝隙三种特征表示。

无缝隙、少缝隙和多缝隙是按单体焦块的块数多少区分的（单体焦块块数是指由于裂缝把焦块底面划分成的区域数。如一条裂缝的一小部分不完全时，允许沿其走向延长以清楚地划出区域。虚线表示裂缝沿走向的延长线）。

单体焦块数为 1 块——无缝隙；

单体焦块数为 2～6 块——少缝隙；

单体焦块数为 6 块以上——多缝隙。

（2）孔隙：指焦块剖面的孔隙分布情况，分为小孔隙、小孔隙带大孔隙和大孔隙很多。

（3）海绵体：指焦块上部的蜂焦部分，分为无海绵体、小泡状海绵体和敞开的海绵体。

（4）绽边：指有些煤的焦块由于收缩应力裂成的裙状周边。绽边按高度分为无绽边、低绽边（约占焦块全高的 1/3 以下）、高绽边（约占焦块全高的 2/3 以上）和中等绽边（介于高、低绽边之间）等四种。

19.6　思考题

简述烟煤的胶质层指数在煤质评价中的意义。

20　煤的碳、氢元素分析

20.1　实验目的

了解 C、H 元素测定的过程及原理，并了解 C、H 元素测定仪的使用。

20.2　实验原理

一定量煤样在氧气流中燃烧，生成的水与五氧化二磷反应生成偏磷酸，电解偏磷酸，根据电解所消耗的电量，计算煤中氢含量；生成的二氧化碳用二氧化碳吸收剂吸收，由吸收剂的增量计算煤中碳含量。煤样燃烧后生成的硫氧化物和氯用高锰酸银热解产物除去，氮氧化物用粒状二氧化锰除去，以消除它们对碳测定的干扰。

20.3　仪器设备与材料

(1) 仪器设备

电量-质量法碳氢测定仪主要由氧气净化系统、燃烧装置、铂-五氧化二磷电解池、电量积分器和吸收系统等构成，如图 20-1 所示。

① 氧气净化系统

净化炉：长约 300 mm、炉外径约 100 mm、炉膛直径约 25 mm 的管式电炉，可控温在(800±10)℃。

净化管：长约 500 mm、外径约 22 mm 的石英管或素瓷管。

气体干燥管：3 个，容量约 150 mL 的玻璃管。

氧气流量计：测量范围 0～150 mL/min。

② 燃烧装置

燃烧炉和催化炉：长约 450 mm、炉外径约 100 mm、炉膛直径约 25 mm 连成一体的二节管式炉，其中催化段长约 150 mm，可控温在(300±10)℃；燃烧段长约 300 mm，可控温在(850±10)℃。

燃烧管：总长约 650 mm，一端外径约 22 mm、内径约 19 mm、长约 610 mm，

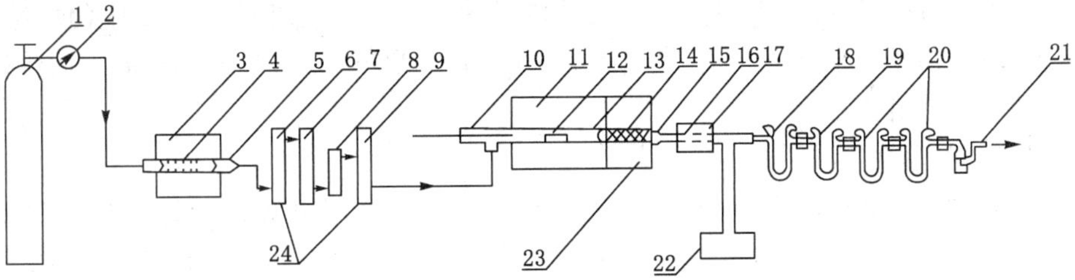

1—氧气钢瓶;2—氧气压力表;3—净化炉;4—线状氧化铜;5—净化管;
6—变色硅胶;7—碱石棉;8—氧气流量计;9—无水高氯酸镁;10—带推棒的橡皮塞;
11—燃烧炉;12—燃烧舟;13—燃烧管;14—高锰酸银热解产物;15—硅酸铝棉;
16—铂-五氧化二磷电解池;17—冷却水套;18—除氮 U 形管;19—吸水 U 形管;
20—吸收二氧化碳 U 形管;21—气泡计;22—电量积分器;23—催化炉;24—气体干燥管。

图 20-1 电量-质量法碳氢测定仪示意图

距管口约 100 mm 接有外径约 8 mm、内径约 6 mm、长约 50 mm 的支管;另一端为外径约 7 mm、内径约 3 mm、长约 40 mm 的异径石英管,如图 20-2 所示。

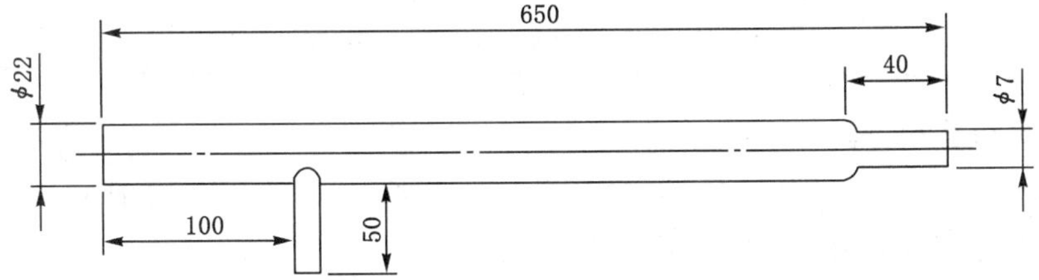

图 20-2 燃烧管示意图(单位 mm)

燃烧舟:长 70～77 mm 瓷舟。新舟使用前应在约 850 ℃下灼烧 2 h。

带推棒的橡皮塞,如图 20-3 所示。

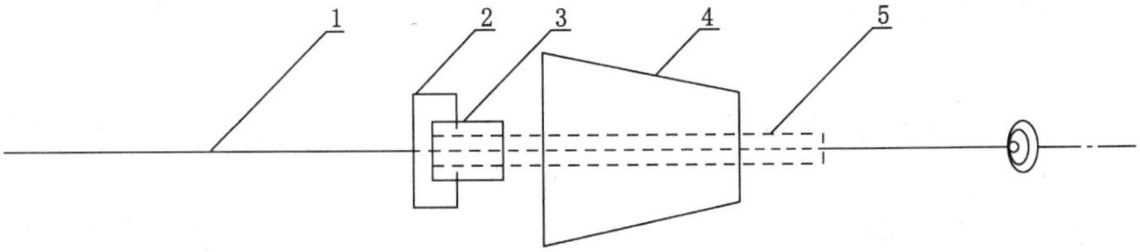

1—镍铬丝推棒;2—翻胶铜;3—硅橡胶管;4—橡皮塞;5—玻璃管。

图 20-3 带推棒的橡皮塞示意图

在橡皮塞上打一直径约 6 mm 的孔,将玻璃管(外径约 7 mm,长约 60 mm)的一端穿过该孔并伸出约 2 mm,另一端通过硅橡胶管(外径约 7 mm,长约

60 mm)与翻胶帽紧密连接,在翻胶帽的正中穿一小孔,使镍铬丝推棒(直径约 2 mm,长约 700 mm,一端卷成直径约 10 mm 的圆环)的一端通过玻璃管后由翻胶帽上的小孔穿出。

③ 电解池

长约 100 mm,外径约 8 mm,内径约 5 mm 的专用电解池,如图 20-4 所示,铂丝间距约 0.3 mm,池内表面涂有五氧化二磷。电解池外有外径约 50 mm、内径 9～10 mm,长约 80 mm 的冷却水套。

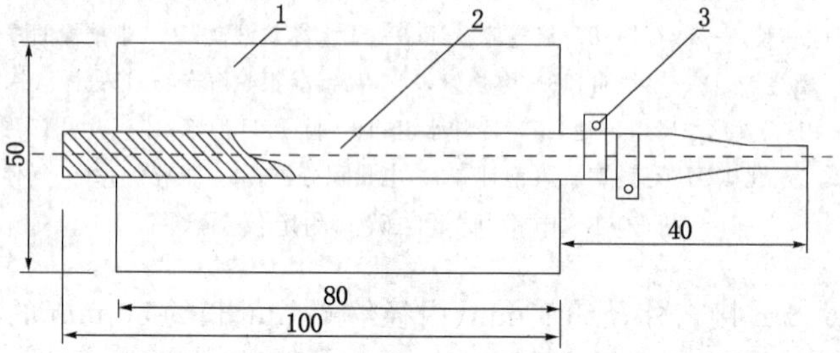

1—冷却水套;2—池体;3—电极抽头。

图 20-4 铂-五氧化二磷电解池示意图(单位 mm)

④ 电量积分器

电解电流 50～700 mA 范围内积分线性误差小于±0.1%,配有四位数字显示器,数字显示精确到 0.001 mg 氢。

⑤ 吸收系统

同碳氢测定仪吸收系统。

⑥ 分析天平

(2) 材料与试剂

涂液(磷酸与丙酮以 3∶7 比例混合),无水乙醇,变色硅胶,硅酸铝棉。

20.4 实验过程与步骤

(1) 选定电解电源极性(每天应互换 1 次),通入氧气并将流量调节约为 80 mL/min,接通冷却水,通电升温。

(2) 升温同时,接上吸收二氧化碳 U 形管(应先将 U 形管磨口塞开启)和气泡计,使氧气流量保持约 80 mL/min,按下电解键(或预处理键)至终点。然后,每隔 2～3 min 按一次电解键(或预处理键)。10 min 后取下吸收二氧化碳 U 形管,关闭所有 U 形管磨口塞,在天平旁放置 10 min 左右,称量。然后再与系统相连，重复上述实验，直到两个吸收二氧化碳 U 形管质量变化不超过 0.000 5 g 为止。

(3) 将燃烧炉、净化炉和催化炉温度控制在指定温度。将煤样混合均匀，在预先灼烧过的燃烧舟中称取粒度小于 0.2 mm 的一般分析煤样 0.070～0.075 g，称准到 0.000 2 g，并均匀铺平，在煤样上盖一层三氧化钨。如不立即测定，可把燃烧舟暂存入不带干燥剂的密闭容器中。

(4) 接上质量恒定的吸收二氧化碳 U 形管，保持氧气流量约为 80 mL/min，启动电解至电解终点。将氢积分值和时间计数器清零。打开带有镍铬丝推棒的橡皮塞，迅速将燃烧舟放入燃烧管入口端，塞上带推棒的橡皮塞，用推棒推动燃烧舟，使其一半进入燃烧炉口。煤样燃烧后(一般 30 s)，按电解键(或测定键)，当煤样燃烧平稳，将全舟推入炉口，停留 2 min 左右，再将燃烧舟推入高温带并立即拉回推棒(不要让推棒红热部分拉到近橡皮塞处，以免使橡皮塞过热分解)。

(5) 约 10 min 后(电解达到终点，否则需适当延长时间)，取下吸收二氧化碳 U 形管，关闭其磨口塞，在天平旁放约 10 min 后称量。第 2 个吸收二氧化碳 U 形管质量变化小于 0.000 5 g，计算时忽略。记录电量积分器显示的质量(mg)。打开带推棒的橡皮塞，用镍铬丝钩取出燃烧舟，塞上带推棒的橡皮塞。

(6) 空白值的测定。氢空白值的测定可与吸收二氧化碳 U 形管的质量恒定实验同时进行，也可在碳氢测定之后进行。

在燃烧炉、净化炉和催化炉达到指定温度后，保持氧气流量约为 80 mL/min，启动电解至电解终点。在一个预先灼烧过的燃烧舟中加入三氧化钨(数量与煤样分析时相当)，将氢积分值和时间计数清零，打开带推棒的橡皮塞，放入燃烧舟，塞紧橡皮塞，用推棒直接将燃烧舟推到高温带，立即拉回推棒。按空白键或 9 min 后按下电解键。达到电解终点后，记录电量积分器显示的氢质量(mg)。重复上述操作，直到相邻两次空白测定值相差不超过 0.050 mg，取这两次测定的平均值作为当天氢的空白值。

(7) 对于用计算机控制的测定仪可按说明书规定的方法操作。

20.5　实验数据的记录与整理

空气干燥煤样中碳(C_{ad})和氢(H_{ad})的质量分数分别按式(20-1)和式(20-2)计算：

$$C_{ad}=\frac{0.272\ 9m_1}{m}\times 100 \tag{20-1}$$

$$H_{ad}=\frac{0.111\ 9(m_3-m_2)}{m}\times 100-0.111\ 9M_{ad} \tag{20-2}$$

式中 m——实验煤样的质量,mg;

m_1——U形管质量增加量,mg;

m_2——电量积分器显示的氢值,mg;

m_3——电量积分器显示的氢空白值,mg。

20.6 思考题

煤炭中除了碳、氢元素外,还有哪些常见元素?如何检测?

21 筛分实验

21.1 实验目的

(1) 掌握物料各粒度级及累积产率的计算方法,从而确定物料的粒度特性。

(2) 学会使用振筛机对物料进行干法筛分。

(3) 掌握对筛孔孔径的分类及计算方法。

(4) 学会根据筛分实验结果,绘制出物料的累积粒度特性曲线。

21.2 实验原理

松散物料的筛分过程可以看作由两个阶段组成:易于穿过筛孔的颗粒和不能穿过筛孔的颗粒所组成的物料层到达筛面;易于穿过筛孔的颗粒透过筛孔。

实现这两个阶段,物料在筛面上应具有适当的运动,一方面使筛面上的物料层处于松散状态,物料层将按粒度分层,大颗粒位于上层,小颗粒位于下层,容易到达筛面,并透过筛孔。另一方面,物料和筛子的运动都促使堵在筛孔上的颗粒脱离筛面,有利于颗粒透过筛孔。

松散物料中粒度比筛孔尺寸小得多的颗粒,在筛分开始后,很快透过筛孔落到筛下产物中,粒度与筛孔尺寸越接近的颗粒,透过筛孔所需的时间越长。

21.3 仪器设备与材料

(1) 仪器设备

① 振筛机 1 台,振动次数 221 次/min,振击次数 147 次/min,直径 200 mm。

② 标准套筛,直径 200 mm,孔径 0.5、0.25、0.125、0.075、0.045 mm 的筛子各 1 个,底盖 1 套。

③ 托盘天平 1 台,称量 200～500 g,感量 0.2～0.5 g。

(2) 材料与试剂

−0.5 mm 煤样 400 g(烘干后质量)。

(3) 振筛机的使用方法

首先接通电源，然后打开振筛机电源开关，检查设备运行是否正常，如发现异常应立即停机检修。放上标准筛（去盖留底），将振筛机上的盖子压实并盖紧。

21.4 实验过程与步骤

(1) 将套筛按筛孔由大到小依次排列，套上筛底。把烘干的筛上物倒入最上层筛子内。

(2) 把套筛置于振筛机上，开动机器，每隔 5 min 停下机器，用手筛检查一次。检查时，依次由上至下取下筛子放在搪瓷盘上用手筛，手筛 1 min，筛下物的质量不超过筛上物质量的 1%，即为筛净。筛下物倒入下一粒级中，各粒级都依次进行检查。

(3) 筛分完毕后，逐级称量并记录质量。

21.5 实验数据的记录与整理

(1) 将实验数据填入表 21-1 中，并计算各个产率。

筛分前煤样质量与筛分后各粒级产物质量之和的差值，不得超过筛分前煤样质量的 2.5%，否则实验应重新进行。

表 21-1 筛分实验记录表

粒度/mm	质量/g	产率/%	累积产率/%	
			筛上累积	筛下累积
>0.500				
0.500～0.250				
0.250～0.125				
0.125～0.075				
0.075～0.045				
<0.045				
合计				

(2) 实验报告

① 简述实验目的和原理，在报告中叙述实验过程和实验数据的计算过程。

② 绘制粒度特性曲线。

③ 分析试样的粒度特性。

④ 对实验进行总结。

21.6 思考题

常见的粒度特性曲线有哪些形状？各自表明物料粒度组成的什么特性？

22 破碎实验

22.1 实验目的

(1) 了解实验室用的破碎机结构和工作原理。

(2) 学习掌握破碎机排料口的调整和测量方法。

(3) 计算破碎效率和细粒增量。

22.2 实验原理

物料经破碎机破碎后,产物的粒度组成反映了破碎机的破碎效果,在生产过程中,常用破碎效率和细粒增量来评价破碎效果。

破碎机的破碎效率按下式计算:

$$\eta_p = \frac{\beta_{-d} - \alpha_{-d}}{\alpha_{+d}} \cdot 100\% \tag{22-1}$$

式中 η_p——破碎效率(有效数字取到小数点后一位),%;

α_{+d}——入料中大于要求破碎粒度 d 的含量,%;

α_{-d}——入料中小于要求破碎粒度 d 的含量,%;

β_{-d}——排料中小于要求破碎粒度 d 的含量,%。

破碎产品中细粒增量按下式计算:

$$\Delta = \beta_{-\alpha} - \alpha_{-\alpha} \tag{22-2}$$

式中 Δ——细粒增量(有效数字取到小数点后一位),%;

$\beta_{-\alpha}$——排料中的细粒含量,%;

$\alpha_{-\alpha}$——入料中的细粒含量,%。

式中的细粒含量均按小于 0.5 mm 矿样含量计算。

22.3 仪器设备与材料

(1) 仪器设备

① 实验室用颚式破碎机。

② 标准套筛,套筛孔径为 6 mm、0.5 mm 标准筛各 1 个,底盖 1 个。

③ 托盘天平 1 台,称量 200 g(或 500 g),感量 0.2 g(或 0.5 g)。

④ 毛刷 1 把,插尺、外卡尺、直尺各 1 把。

(2) 材料与试剂

小于 25 mm 煤样 10 kg。

22.4 实验过程与步骤

(1) 将 10 kg 小于 25 mm 的煤分别用 6 mm 和 0.5 mm 的筛子进行筛分,然后称重。

(2) 已称重的煤混匀,将破碎机排料口宽度调为 6 mm(此时 6 mm 即破碎粒度),然后开机并给入煤样。

(3) 经破碎的煤样分别用 6 mm 和 0.5 mm 的筛子再依次筛分并分别称重。

(4) 实验中注意事项:

① 实验操作应认真仔细,注意安全,不准靠近破碎机的传动部件,也不许将手放入破碎腔中。

② 调整排料口大小时要细心,测量排料口大小应准确。

22.5 实验数据的记录与整理

筛分实验数据参考筛分实验表格进行记录,并将数据整理后填入表 22-1 中。

表 22-1 破碎实验记录表

破碎前		破碎后		破碎效率	
粒度/mm	产率/%	粒度/mm	产率/%	η_p	Δ
+6		+6			
6~0.5		6~0.5			
−0.5		−0.5			
合计		合计			

22.6 思考题

破碎产物的粒度特性与破碎机械和原料之间是否存在联系?

23 伯努利方程实验

23.1 实验目的

(1) 验证流体恒定总流的能量方程。

(2) 通过对流体力学诸多水力现象的实验分析研究，进一步掌握有压管流体动力学的能量转换特性。

(3) 掌握流速、流量、压强等要素的实验量测技能。

23.2 实验原理

在实验管路中沿管内水流方向取 n 个过水断面。可以列出进口断面至另一断面(i)的能量方程式($i=2,3,\cdots,n$)

$$z_1+\frac{p_1}{\rho g}+\alpha_1\frac{v_1^2}{2g}=z_i+\frac{p_i}{\rho g}+\alpha_i\frac{v_i^2}{2g}+h_{w1-i} \tag{23-1}$$

取 $\alpha_1=\cdots=\alpha_n=1$，选好基准面，从已设置的各断面的测压管中读出压力值，测出通过管路的流量，即可计算出断面平均流速 v(根据连续性方程 $v=Q/A$)，再计算出断面速度水头 $v^2/2g$，即可得各断面的总水头。

实验管路轴心处的流速 u 由毕托管测得，其计算式为

$$u=\sqrt{2Kg\Delta h} \tag{23-2}$$

式中 K——毕托管的修正系数，近似取 1.0；

Δh——测压管和毕托管的高度差，m。

23.3 仪器设备与材料

流体力学综合实验台(TG-801 型)如图 23-1 所示。

说明：本实验装置由供水水箱及恒压水箱、实验管道、测压计、实验台等组成，流体在管道内流动时会通过分布在实验管道各处的毕托管测压管、普通测压管。

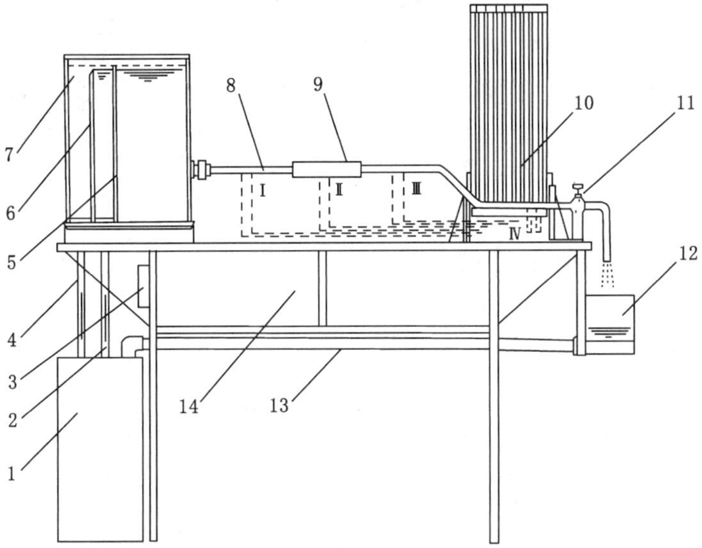

1—水箱及潜水泵;2—上水管;3—进水调节阀;4—溢流管;5—整流栅;
6—溢流板;7—定压水箱;8—实验细管;9—实验粗管;10—测压管组;
11—出水调节阀;12—计量水箱;13—回水管;14—实验桌。

图 23-1 流体力学综合实验台

毕托管测压管用于测量毕托管探头对准点的总水头,普通测压管用于测量测压管水头。

23.4 实验过程与步骤

(1) 熟悉实验设备,分清哪些是静压管,哪些是毕托管测压管,了解两者功能的区别。

(2) 验证静压原理。根据伯努利方程,当管内水不流动时,没有流动损失,则静水头线为一平行于基准线的水头线,即在静止不可压缩均质流体中,任意测点处的单位重力作用下流体的位置水头和压强水头之和(静水头)保持不变,测点的高度与测点位置的前后无关。

供水使水箱充满水,待水箱溢流,检查调节阀关闭后所有测压管水面是否齐平。如不平则需查明故障原因(例如连通管受阻、漏气或夹气泡等)并加以排除,直至调平。记录此时的静水头于表 23-1 中。

(3) 打开调节阀 11,观察思考:

① 测压水头线和总水头线的变化趋势;

② 位置水头、压强水头之间的相互关系；

③ 流量增加或减少时测管水头如何变化？

(4) 调节阀 11 开度，待流量稳定后，测记各测压管液面读数，同时测记实验流量。将数据记录于表 23-1 中。

(5) 改变流量 2 次，待流量稳定后，重复上述测量。

23.5 实验数据的记录与整理

实验数据如表 23-1、表 23-2、表 23-3 所示。

表 23-1 测压点数据记录表

	时间	体积	Ⅰ		Ⅱ		Ⅲ		Ⅳ	
			静压测点	总压测点	静压测点	总压测点	静压测点	总压测点	静压测点	总压测点
流量 1										
流量 2										
流量 3										
管内径										
零流量时的静水头										

表 23-2 轴心处流速 u 和截面平均流速 v 记录表

		Ⅰ	Ⅱ	Ⅲ	Ⅳ
流量 1	u				
	v				
	$v^2/2g$				
流量 2	u				
	v				
	$v^2/2g$				
流量 3	u				
	v				
	$v^2/2g$				

表 23-3　总水头数据记录表

编号	Ⅰ	Ⅱ	Ⅲ	Ⅳ
流量 1				
流量 2				
流量 3				

在图 23-2 中绘制三种不同流量下的总水头线 *E-E* 和测压管静水头线 *p-p*

提示：(1) *p-p* 线按表 23-1 数据绘制；

(2) *E-E* 线按表 23-3 数据绘制。

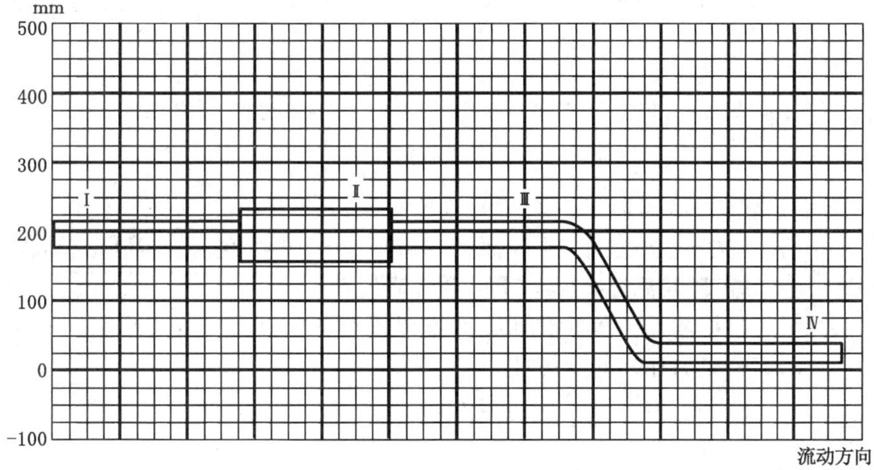

图 23-2

23.6　思考题

(1) 测压管水头线和总水头线的变化趋势有何不同？为什么？

(2) 当流量增加，在同一测点处测压管静水头线和总水头线有何变化？为什么？

24　文丘里流量计实验

24.1　实验目的

(1) 掌握文丘里流量计的原理及用途。

(2) 学会测定文丘里流量计的流量系数，掌握文丘里流量计测量管道流量的技能。

24.2　实验原理

我们已经知道，如果任一断面的流速 v 乘以面积 A，即可求得流量 Q。如图 24-1 所示，文丘里管前 1－1 断面及喉管处 2－2 断面的截面面积分别为 A_1 和 A_2，只要测得该处流速 v_1、v_2，便可测得流量 Q'。

为此，可根据能量方程式和连续性方程式对两断面建立方程求解。取管轴线为基准，不计阻力作用时得下式：

$$Q=\mu Q'=\mu K\sqrt{\Delta h} \tag{24-1}$$

$$0+\frac{p_1}{\gamma}+\frac{v_1^2}{2g}=0+\frac{p_2}{\gamma}+\frac{v_2^2}{2g} \tag{24-2}$$

根据连续性方程

$$Q=A_1v_1=A_2v_2 \tag{24-3}$$

$$v_1\frac{\pi d_1^2}{4}=v_2\frac{\pi d_2^2}{4} \tag{24-4}$$

可解得：

$$v_1=\frac{\sqrt{2g\left[\left(z_1+\frac{p_1}{\gamma}\right)-\left(z_2+\frac{p_2}{\gamma}\right)\right]}}{\sqrt{\left(\frac{d_1}{d_2}\right)^4-1}} \tag{24-5}$$

代入式(24-3)得

$$Q'=\frac{\frac{\pi}{4}d_1^2}{\sqrt{\left(\frac{d_1}{d_2}\right)^4-1}}\sqrt{2g\left[\left(z_1+\frac{p_1}{\gamma}\right)-\left(z_2+\frac{p_2}{\gamma}\right)\right]}=K\sqrt{\Delta h} \tag{24-6}$$

其中
$$\Delta h=\left(z_1+\frac{p_1}{\gamma}\right)-\left(z_2+\frac{p_2}{\gamma}\right) \tag{24-7}$$

$$K=\frac{\frac{\pi}{4}d_1^2\sqrt{2g}}{\sqrt{\left(\frac{d_1}{d_2}\right)^4-1}} \tag{24-8}$$

式中 Δh——两断面侧压管水头差；

K——文丘里流量计常数，对给定管径是常数。

由于阻力的存在，实际通过的流量 Q 恒小于 Q'。为此引入一无量纲系数 $\mu=Q/Q'$（μ 称为流量系数），对计算所得的流量值进行修正，即：通过实验测得流量 Q 及测压管水头差 Δh，便可以测得此时文丘里管的流量系数 μ。

24.3 仪器设备与材料

文丘里流量计是一种常用的管道流量的测量仪，如图 24-1 所示，属压差式流量计。它由"收缩段""喉部"和"扩散段"三部分组成，安装在需要测定流量的管路上。在收缩段进口断面 1—1 和喉部断面 2—2 上设测压孔，并接上比压计，通过测量两个断面的测压管水头差 Δh，就可计算管道的理论 Q'，再经修正得到实际流量 Q。

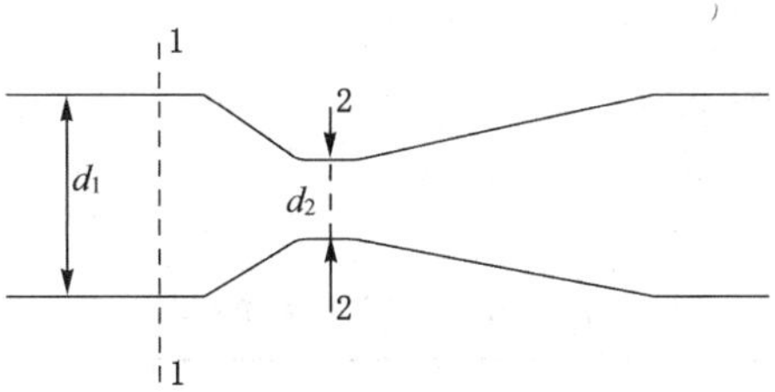

图 24-1 文丘里流量计示意图

24.4 实验过程与步骤

(1) 记录有关常数。

(2) 打开水泵，调节进水阀，全开出水阀，使压差计达到测压计可测量的最大高度。

(3) 逐次关小调节阀，改变流量 7～8 次，注意调节阀门应缓慢。

(4) 把测量值记录在实验表格内，并进行有关计算。

(5) 如测管内液面波动时，应取平均值。

24.5 实验数据的记录与整理

(1) 记录计算有关数据。

实验数据记录于表 24-1 中。

表 24-1 实验数据记录表

$d_1=$________ cm，$d_2=$________ cm

次数	测压管读数/cm		水量/cm^3	测量时间/s
	h_1	h_3		
1				
2				
3				
4				
5				
6				
7				
8				

(2) 整理记录计算表

实验数据计算结果如表 24-2 所示。

表 24-2 实验数据计算表

次数	$Q/(cm^3/s)$	$Q'=K\sqrt{\Delta h}/(cm^3/s)$	$\mu=\frac{Q}{Q'}$
1			
2			
3			
4			
5			
6			
7			
8			

24.6 思考题

（1）为什么计算流量 Q' 与实际流量 Q 不相等？

（2）若文丘里流量计不是水平安装，其流量计算公式是否要改？为什么？

25　毕托管测速实验

25.1　实验目的

了解毕托管的构造，并检验其测量精度，进一步明确传统流体力学测量仪器的现实作用。

25.2　实验原理

毕托管是一种测量流体点速度的装置，它由测压管和一根与它装在一起且两端开口的直角弯管组成。如图 25-1 所示，要测量 A 点流速，将弯端管口对着来流方向置于 A 点下游同一流线上相距很近的 B 点。A 点测压管内液面高度为 p_A/γ，流体流入测速管，B 点流速等于零，称为滞止点或驻点，动能全部转换为势能，测速管内液面高度为 p_B/γ。

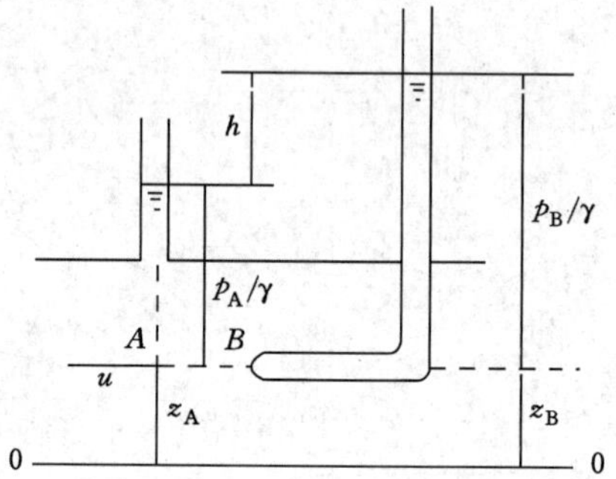

图 25-1　毕托管结构示意图

根据 A、B 两点的测压管水头差 $h=(z_B+p_B/\gamma)-(z_A+p_A/\gamma)$，可计算 A 点的流速。

应用恒定流伯努利方程于 A、B 两点，有

$$z_A+\frac{p_A}{\gamma}+\frac{u^2}{2g}=z_B+\frac{p_B}{\gamma}+0 \qquad (25\text{-}1)$$

考虑到实际流体黏性作用引起的水头损失和测速管对流动的影响，用上式

计算 A 点流速时需要进行修正，即

$$u=\sqrt{2g\left[\left(z_B+\frac{p_B}{\gamma}\right)-\left(z_A+\frac{p_A}{\gamma}\right)\right]}=\sqrt{2gh} \tag{25-2}$$

$$u=c\sqrt{2gh} \tag{25-3}$$

式中，c 为毕托管系数，与毕托管的构造有关，由实验确定，通常接近于 1.0。

实用的毕托管有多种构造形式，如图 25-2 所示为常用的一种形式。两端开口的管 1 为测速管，用来测总压，侧壁设有几个均匀分布小孔 2 为测压管，用来测静压。将 1、2 分别与压差计的两端连接，即可测得总压和静压的差值，从而测得测点的流速。

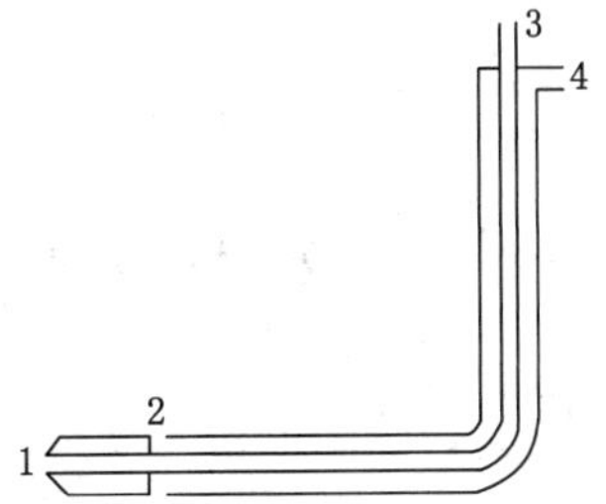

图 25-2　常见毕托管实验装置图

25.3　仪器设备与材料

实验系统图如图 25-3 所示。

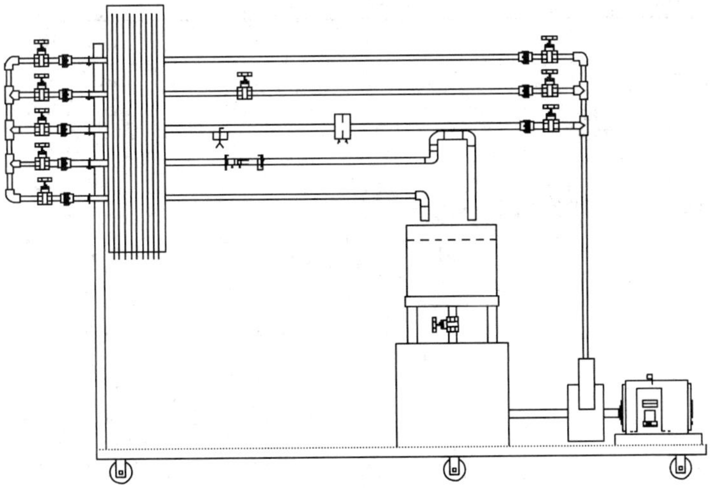

图 25-3　实验系统图

25.4　实验过程与步骤

(1) 熟悉实验装置，搞清毕托管构造特征、实验原理；并弄清楚毕托管的全压水头和静压水头。

(2) 打开水泵和出水阀，待管内充满水后关闭出水阀，检查测压管是否齐平，若不平须调节。

(3) 打开水泵和出水阀，待流量稳定后读取毕托管的全压水头和静压水头，同时用体积时间法测量流量。

(4) 改变流量，按上述方法重复测量。

25.5 实验数据的记录与整理

将实验数据记录于表25-1中。

表25-1 实验数据记录表

实验次数	毕托管水头差			测点速度 u	体积 /m^3	时间 /s	流量 /(m^3/s)	平均流速 v
	h_1	h_2	Δh					
1								
2								
3								

25.6 思考题

比较 u 和 v，并分析两者的区别。

26 雷诺实验

26.1 实验目的

(1) 观察层流、紊流的流态及其转换特征。

(2) 测定下临界雷诺数,掌握圆管流态判别准则。

(3) 学习应用无量纲参数进行实验研究的方法,并了解其实用意义。

26.2 实验原理

(1) 实际流体的流动会呈现出两种不同的形态:层流、紊流(图 26-1),它们的区别在于:流动过程中流体层之间是否发生掺混现象,在紊流流动中存在随机变化的脉动量,而在层流流动中则没有。

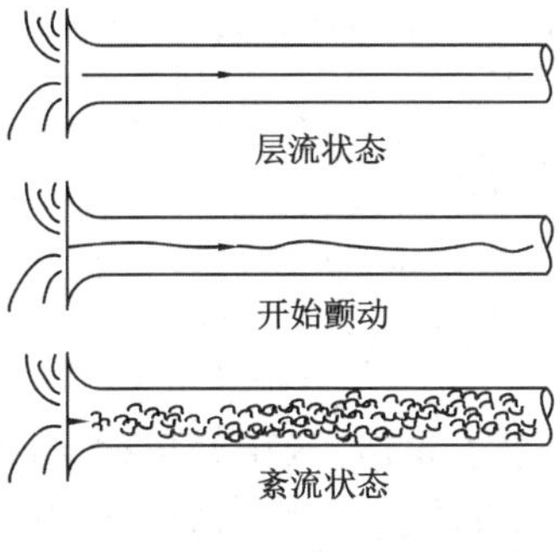

图 26-1　实际流体的流动形态

(2) 圆管中恒定流动的流态转化取决于雷诺数 $Re=vd/\nu$,d 是圆管直径,v 是断面平均流速,ν 是流体的动力黏滞系数。

(3) 实际流体的流动之所以会呈现出两种不同的形态是扰动因素与黏性稳定作用之间对比和抗衡的结果。针对圆管中定常流动的情况,容易理解:减小 d,减小 v,加大 ν 三种途径都是有利于流动稳定的。综合起来看,小雷诺数流动趋于稳定,而大雷诺数流动稳定性差,容易发生紊流现象。

(4) 圆管中定常流动的流态发生转化时对应的雷诺数称为临界雷诺数,又分为上临界雷诺数和下临界雷诺数。上临界雷诺数表示超过此雷诺数的流动必为紊流，该值很不稳定，跨越一个较大的取值范围。有实际意义的是下临界雷诺数，表示低于此雷诺数的流动必为层流，有确定的数值，圆管定常流动的下临界雷诺数取为 $Re_{cr}=2\ 320$。

(5) 对相同流量下圆管层流和紊流流动的断面流速分布做一比较，可以看出层流流速分布呈旋转抛物面，而紊流速度分布则比较均匀呈现对数或指数分布，靠近壁面流速梯度比层流时大(图 26-2)。

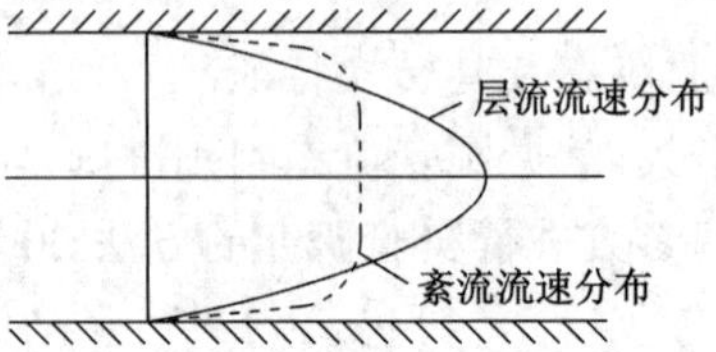

图 26-2　层流和紊流状态下的流速分布

26.3　仪器设备与材料

流体力学综合实验台(TG-801 型)如图 23-1 所示。

26.4　实验过程与步骤

(1) 测记本实验的有关常数。

(2) 观察两种流态。

水箱充水至溢流水位，经稳定后，微微开启调节阀，并注入颜色水于实验管内，使颜色水流成一直线。通过颜色水质点的运动观察管内水流的层流流态，然后逐步开大调节阀，由颜色水线的变化来观察层流转变到紊流的水力现象，待管中出现完全紊流后，再逐步关小调节阀，观察由紊流转变为层流的水力现象。

(3) 测定下临界雷诺数。

① 将调节阀打开，使管中呈完全紊流，再逐步关小调节阀使流量减小，当流量调节到使颜色水在全管刚好呈现出一稳定直线时，即为下临界状态。

② 待管中出现临界状态时，用体积法测定流量。

③ 记录水箱中的温度计指示的水温，依据公式计算水的运动黏度。

④ 根据所测流量计算下临界雷诺数，并与公认值(2 000～2 320)比较，偏离过大，需重测。

⑤ 重新打开调节阀，使其形成完全紊流。按上述步骤重复测量不少于 3 次。

【注意】a. 每调节阀门一次，均需等待稳定几分钟；

b. 关小阀门过程中，只许关小，不许开大。

（4）测定上临界雷诺数。

将调节阀关至最小，逐渐开启调节阀，使管中水流由层流过渡到紊流，颜色水线刚开始散开时，即为上临界状态，测定计算上临界雷诺数 1～2 次。

26.5 实验数据的记录与整理

（1）记录、计算有关常数：

实验管径 $d=$________ cm 水温 $t=$________ ℃

运动黏度 $\nu=\dfrac{0.01775}{1+0.0337t+0.000221t^2}=$________________ m^2/s

（2）整理、记录计算表

将实验数据记录于表 26-1、表 26-2 中。

表 26-1 下临界雷诺数的测定

实验次数	颜色水线形态	水体积 V /cm^3	时间 T /s	流量 Q /(cm^3/s)	流速 v /(cm/s)	雷诺数 Re	阀门开度增(↑)或减(↓)
1							
2							
3							
4							
实测下临界雷诺数(平均值)$Re_{cr}=$							

注：颜色水线形态指：稳定直线，稳定略弯曲，直线摆动，直线抖动，断续，完全散开等。

表 26-2 上临界雷诺数的测定

实验次数	颜色水线形态	水体积 V /cm^3	时间 T /s	流量 Q /(cm^3/s)	流速 v /(cm/s)	雷诺数 Re	阀门开度增(↑)或减(↓)
实测下临界雷诺数(平均值)$Re_{cr}=$							

26.6 思考题

(1) 流态判据为何采用无量纲参数,而不采用临界流速?

(2) 为何认为上临界雷诺数无实际意义,而采用下临界雷诺数作为层流与紊流的判据?

27 沿程阻力系数测定

27.1 实验目的

(1) 学会测定管路沿程阻力系数 λ 的方法。

(2) 了解管路沿程阻力系数 λ 值与雷诺数 Re 的关系。

27.2 实验原理

(1) 实际液体流经管路,由于有阻力必然产生水头损失,因沿程阻力产生的水头损失,称沿程水头损失 h_f,其表达式为:

$$h_f=\lambda \cdot \frac{L}{d} \cdot \frac{v^2}{2g} \tag{27-1}$$

若写断面 1—1 及 2—2 的伯努利方程,可得:

$$h_f=\frac{p_1-p_2}{\gamma} \tag{27-2}$$

则

$$\lambda=h_f \frac{2dg}{Lv^2}=\frac{p_1-p_2}{\gamma} \cdot \frac{2dg}{Lv^2} \tag{27-3}$$

式中 λ——沿程阻力系数(无因次数);

d——水管内径,m;

L——两测压断面间距离,m;

v——平均流速,$v=\frac{4Q}{\pi d^2}$,m/s;

$\frac{p_1}{\gamma}$——1—1 断面的测压管水头,m;

$\frac{p_2}{\gamma}$——2—2 断面的测压管水头,m。

如果管径 d、两测压断面间距离 L 以及作用水头固定不变,则沿程阻力系数 λ 值与流速 v 有关,亦即与液体的流动形态有关,因而可以建立沿程阻力系数 λ 值与雷诺数 Re 的关系。

在不同流速下雷诺数 Re 的值为：

$$Re=\frac{vd}{v} \tag{27-4}$$

(2) 不同流动形态的沿程水头损失与断面平均流速的关系是不同的。层流流动中的沿程水头损失与断面平均流速的 1 次方成正比；紊流流动中的沿程水头损失与断面平均流速的 1.75～2.0 次方成正比。

(3) 沿程阻力系数 λ 是相对粗糙度 Δ/d 与雷诺数 Re 的函数，Δ 为管壁的粗糙度。

① 对于圆管层流流动，$Re<2\ 320$。

$$\lambda=64/Re \tag{27-5}$$

② 对于水力滑管紊流流动可取

布拉休斯公式(适用于 $Re=4\ 000\sim10^5$)，$\lambda=0.316\ 4/Re^{-0.25}$；

尼古拉茨光滑管公式(适用于 $Re=10^5\sim3\times10^6$)，$\lambda=0.003\ 2+0.221Re^{-0.237}$。

可见在层流和紊流光滑管区，沿程阻力系数 λ 只取决于雷诺数。

③ 对于水力粗糙管紊流流动，$Re\geqslant4\ 160(d/2\Delta)^{0.85}$

$$\lambda=\left(1.14+2\lg\frac{d}{\Delta}\right)^{-2} \tag{27-6}$$

沿程阻力系数 λ 完全由粗糙度决定，与雷诺数无关，此时沿程水头损失与断面平均流速的平方成正比，所以紊流粗糙管区通常也叫作“阻力平方区”。

④ 在紊流光滑区和紊流粗糙管区之间存在过渡区，沿程阻力系数 λ 与雷诺数和粗糙度都有关。

27.3 仪器设备与材料

流体力学综合实验台(TG-801 型)如图 23-1 所示。

27.4 实验过程与步骤

(1) 开启水泵，打开进水阀及出水阀，以排除管路及测压管中的空气。

(2) 全开阀门，使水流达最大流量。

(3) 待水流稳定后读取测压管水头值，并测量流量。

(4) 调节出水阀，使流量逐渐减小，顺序改变 9 次，每次改变后重复步骤(3)。每次调节流量时，均需等稳定后再读取数据。

(5) 测定水温、断面距离 L 及内管径 d。

(6) 结束实验前，关闭出水阀，检查水压计是否指示为零，若均为零，则关闭进水阀，切断电源。否则，表明压力计已进气，需重做实验。

27.5 实验数据的记录与整理

(1) 有关常数

$d=$________ cm，$L=$________ cm，水温 $t=$________℃；

运动黏度 $\nu=\dfrac{0.01775}{1+0.0337t+0.000221t^2}=$____________ m^2/s。

(2) 记录及计算

实验数据记录见表 27-1。

表 27-1 实验数据记录表

次序	体积 /cm^3	时间 /s	流量 Q /(cm^3/s)	流速 v /(cm/s)	雷诺数 Re	1—1 断面的测压管水头 /cm	2—2 断面的测压管水头 /cm	沿程水头损失 h_f /cm	沿程阻力系数 λ	lg (100λ)	lg (Re)
1											

(3) 绘制 λ-Re 曲线，并说明曲线属于哪个区。

27.6 思考题

(1) 如在同一管道中以不同液体进行实验，当流速相同时，其沿程水头损失是否相同？

(2) 若同一流体流进两个管径相同、管长相同而粗糙系数不同的管路，当流速相同时，其沿程水头损失是否相同？

以上两个题按照流动区域的 5 个区分别分析。

28 指示灯静态控制

28.1 实验目的

(1) 学习使用 Keil 软件完成汇编源程序的输入、编译等基本操作，完成目标程序的创建。

(2) 学习使用编程器将目标程序写入单片机的操作。

(3) 学习在实验板上运行目标程序的方法，并根据运行结果判断目标程序的正确性。

(4) 学习掌握指示灯静态控制的思路和方法。

28.2 实验原理

实验板上发光二极管 LED0～LED7 已经与 P0.0～P0.7 连接，可以通过向 P0 口输出一个特定的控制字用以控制其是否发光。控制字中低电平将使对应二极管发光，高电平将使对应二极管不发光。其控制字内容可用十六进制、十进制、二进制提供。

参考程序如下：

```
CLR     P1.5          ；关闭蜂鸣器
MOV     P0，#xxH      ；输出控制字(可根据需要确定其值)
SJMP    $             ；程序停止
END                   ；编译结束
```

28.3 仪器设备与材料

本部分所有实验装置均与本章实验装置相同。

(1) 实验板

实验板的原理图如图 28-1 所示，实验板如图 28-2 所示。本实验板电路可分为如下六个模块：① 电源模块；② 复位、时钟、发声模块；③ 指示灯输出模块；④ 数码管输出模块；⑤ 串行通信、按键控制模块；⑥ 时钟控制、串行存储控制

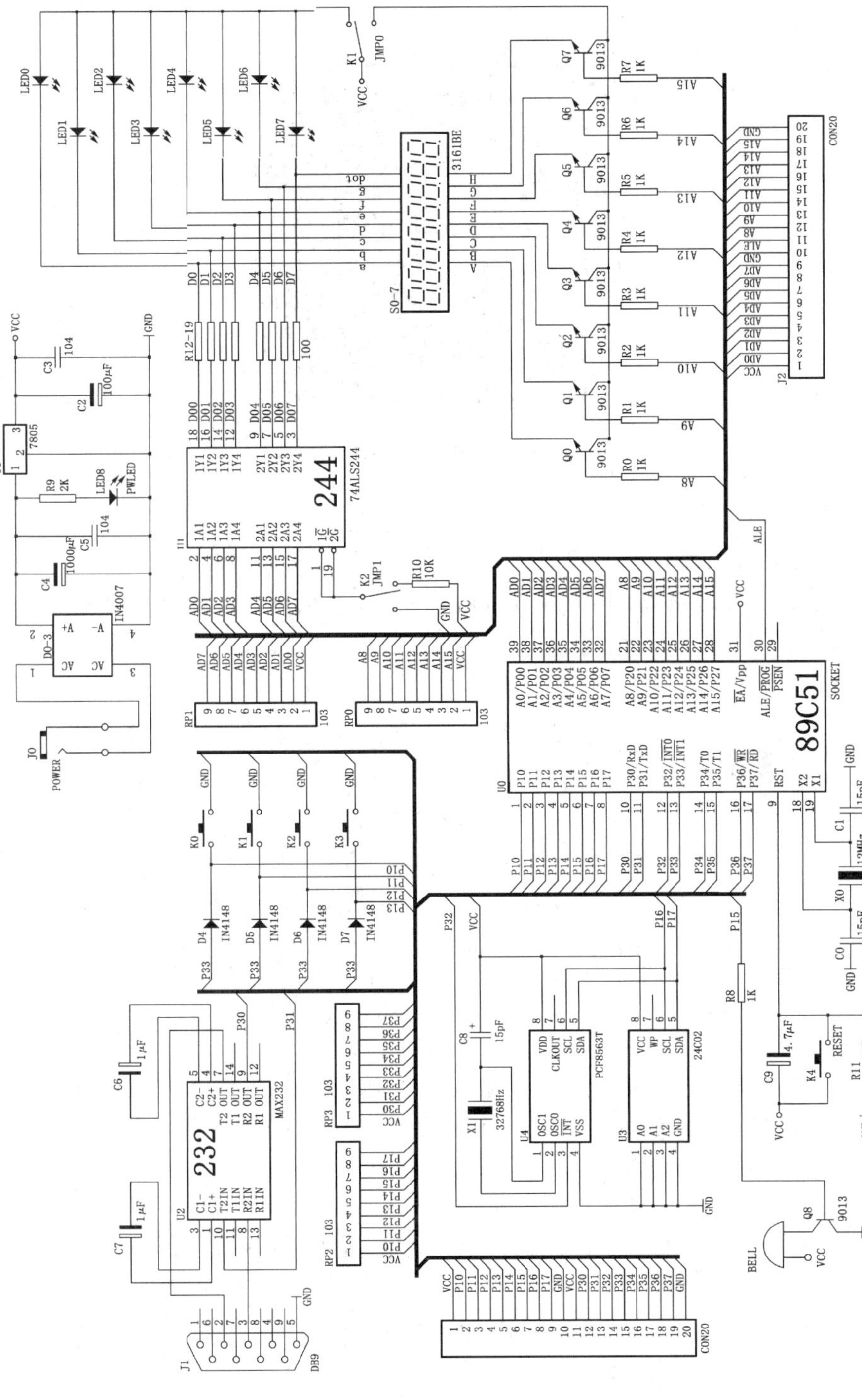

图 28-1　实验板电路原理图

模块。

图 28-2　实验板

① 电源模块

电源模块电路如图 28-3 所示，其作用是将外部输入的电压源(5～15 V 的直流或交流)经过整流、滤波、稳压后转换成＋5 V 的标准电压源，供实验板上各部件使用。

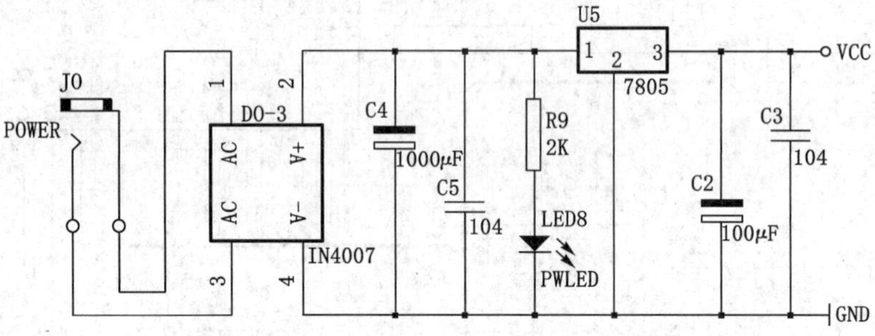

图 28-3　电源模块电路

本实验外部电源由 7.5 V 直流电源适配器提供，经 POWER 端输入实验板。经过 D0-3 电桥整流、C4 和 C5 一次滤波、7805 稳压、C2 和 C3 二次滤波后得到标准＋5 V 的电压源。

② 复位、时钟、发声模块

复位、时钟、发声模块电路如图 28-4 所示，其作用是可实现单片机系统的复位控制、时钟输入等。

复位模块由按钮开关 K4、延时电容 C9、限流电阻 R11 组成，是一个上电和按键均可实现复位的电路。

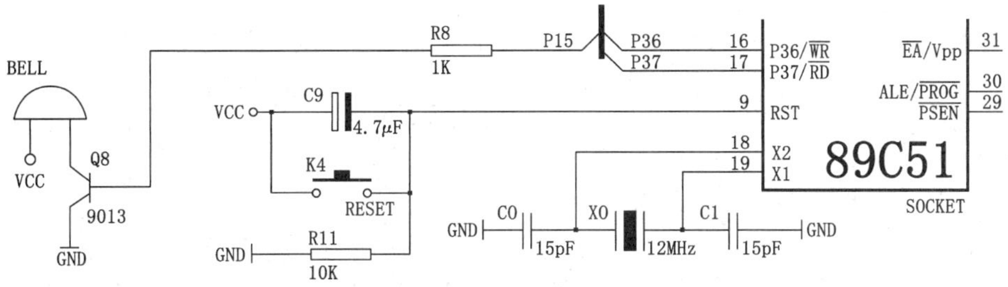

图 28-4　复位、时钟、发声模块电路

时钟模块由主频为 12 MHz 的石英晶体振荡器 X0、微调电容 C0 和 C1 组成，可向单片机系统提供 12 MHz 的时钟信号。

发声模块由蜂鸣器 BELL、三极管放大器 Q8 和限流电阻 R8 组成，由单片机的 P1.5 端控制。当 P1.5 输出为高电平时蜂鸣器 BELL 发出蜂鸣声，当 P1.5 输出为低电平时声音关闭。本次实验过程不需要蜂鸣器发声，故在单片机程序中第一个有效指令应为“CLR　P1.5”，用于关闭蜂鸣器。

③ 指示灯输出模块

指示灯输出模块电路如图 28-5 所示，由总线驱动及放大器 74LS244、发光二极管 LED0～LED7、输出方向选择控制跳线开关 K1、输出使能控制开关 K2、限流电阻 R12～R19 组成。

总线驱动及放大器 74LS244 的作用是将由 P0 口输出的电平信号的电流放大，用以驱动发光二极管 LED0～LED7 发光。二极管 LED0～LED7 采用共阳极接法，故若要使某个二极管发光，要向对应位输出低电平 0，要使其不发光则要向对应位输出高电平 1。

输出使能控制开关 K2 用于控制总线驱动及放大器 74LS244 是否选通工作。当通过 K2 向 244 的 1 和 19 端输入高电平时，244 不工作，输出端为高阻悬空，相当于输出全 1，二极管不发光；当通过 K2 向 244 输入低电平时，244 工作，输出信号与输入相同且已放大，可控制二极管的发光状态。故在进行二极管发光控制实验时，K2 应与地线 GND 相通。

输出方向选择控制跳线开关 K1 用于控制 244 的有效输出是输出到二极管还是数码管。当 K1 选择接通二极管(图 28-5 中向上的跳线)时，244 输出到二极管，可进行二极管发光控制实验；而当 K1 选择接通数码管(图 28-5 中向下的跳线)时，244 输出到数码管，可进行数码管的控制实验。故在进行二极管发光控制实验时，K1 应选择接通二极管(图 28-5 中向上的跳线)。

④ 数码管输出模块

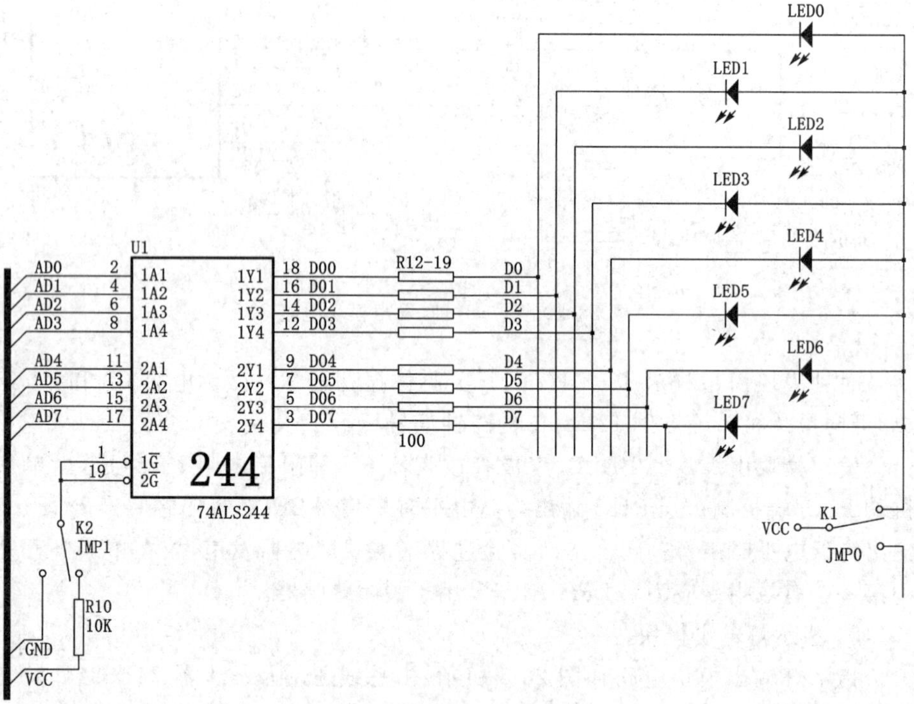

图 28-5　指示灯输出模块电路

数码管输出模块电路如图 28-6 所示，由总线驱动及放大器 74LS244、八位七段数码管 S0～S7、输出方向选择控制跳线开关 K1、输出使能控制开关 K2、三极管放大器 Q0～Q7、限流电阻 R0～R7 组成。

八位七段数码管 S0～S7 由八个七段数码管并排布置组成，各段采用共阳极接法，即给定输出信号为低电平时对应段发光。其段控信号由单片机的 P0 口输出，经 244 总线驱动及放大器后送入数码管。P0 口中各位与数码管中各段的对应关系为非标准连接，需要经过实验进行测试（项目四、数码管编码测试）。位的选择控制由单片机的 P2 口完成，其中 P2.7 用于控制数码管的左第一位（最高位），P2.6 用于控制数码管的左第二位（次高位），依此类推，P2.0 用于控制数码管的右第一位（最低位）。其选择控制信号采用高电平有效，即当 P2.X 输出为高电平时，数码管对应的位上将有输出，可用于显示输出字符；而当 P2.X 输出为低电平时，数码管对应的位上将无输出。

输出方向选择控制跳线开关 K1 在进行数码管输出实验时应选择接通数码管（图 28-6 中向下的跳线），使 P0 口输出信号送向数码管；K2 的作用与指示灯

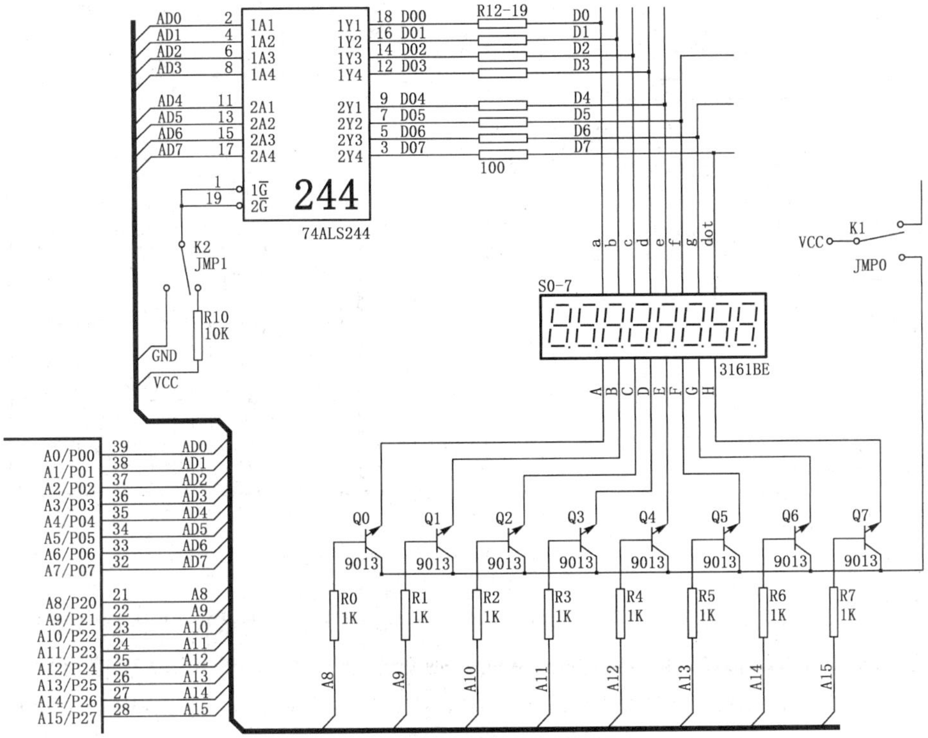

图 28-6 数码管输出模块电路

输出模块相同,在进行数码管输出实验时,K2 应与地线 GND 相通。

⑤ 串行通信、按键控制模块

串行通信、按键控制模块电路如图 28-7 所示。

串行通信模块由 5 V 供电的多通道 RS-232 驱动器/接收器芯片 MAX232、电压倍增电容 C6 和 C7、九芯串行通信接口插座 J1 组成。

其中 MAX232 芯片内部有一个电源电压变换器,配合上电压倍增电容 C6 和 C7 就可以把输入的+5 V 电压变换成 RS-232 输出电平所需的 10 V 电压,所以采用此芯片接口的串行通信系统只要单一的+5 V 电源就可以工作,从而可以实现单片机与微机之间的串行通信。

按键控制模块由按键控制开关 K0～K3、单向导通控制二极管 D4～D7 组成。各二极管阳极接单片机的 P3.3 口线,阴极分别与单片机的 P1.0～P1.3 相通,并通过控制开关 K0～K3 与地线 GND 连接。

在需要进行按键控制实验时,应先向 P3.3 输出高电平,在各个开关 K0～

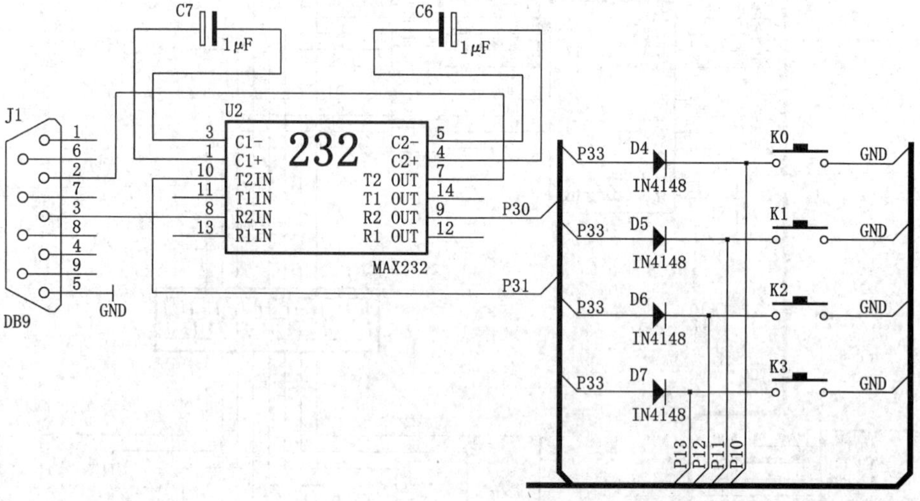

图 28-7　串行通信、按键控制模块电路

K3 没有被按下时经 P1.0～P1.3 输入的均为高电平，而当某个开关被按下时，向对应的引脚输入的则为低电平，从而实现对按键开关 K0～K3 状态信号的采集。若在 P3.3 输出为低电平时，通过按键控制模块向单片机 P1.0～P1.3 输入的均为低电平，则无法实现按键状态的采集。

⑥ 时钟控制、串行存储控制模块

时钟控制、串行存储控制模块电路如图 28-8 所示。

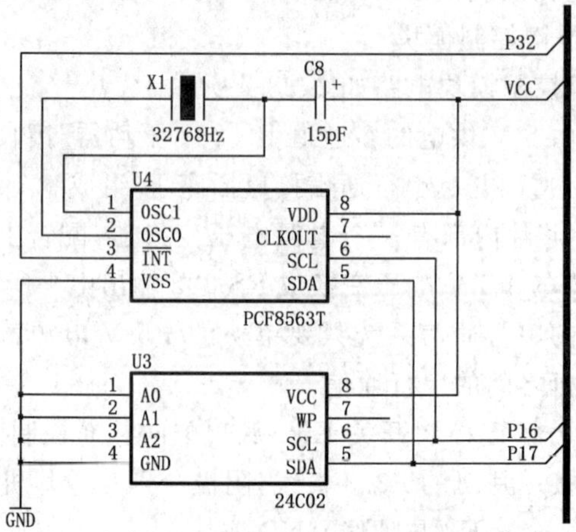

图 28-8　时钟控制、串行存储控制模块电路

时钟控制、串行存储控制模块由时钟控制芯片 PCF8563T、串行存储芯片 24C02、频率为 32 767 Hz 的晶体振荡器 X1 组成。

时钟控制芯片 PCF8563T 是一个低功耗的 CMOS 实时时钟/日历芯片，配有一个可编程的时钟输出端，可对其进行时钟/日历信息的控制，完成所需时钟/日历的输出。

串行存储芯片 24C02 通过串行格式对数据进行串行输入存储，其存储容量为 2 KB，具有断电记忆功能，可避免断电数据丢失。

（2）编程器

实验用编程器如图 28-9 所示。

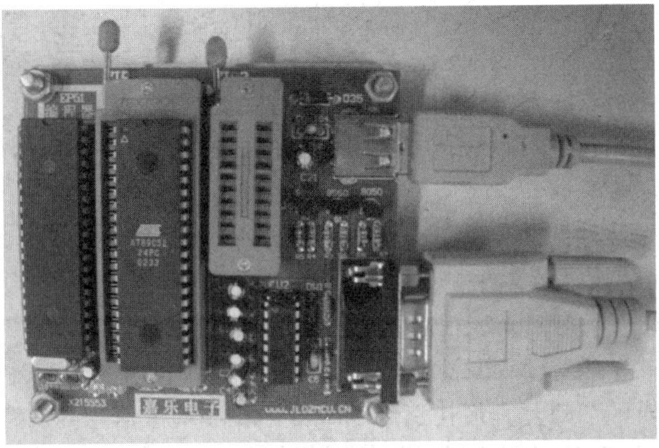

图 28-9　编程器

（3）MCS-51 单片机芯片

（4）台式计算机

计算机室配备有台式计算机 39 台，编号为 X01～X39。其中在 X01、X20、X21 和 X39 四台计算机上配置有实验板、编程器，为公共计算机，其余 35 台计算机（编号为 X02～X19、X22～X38）为个人计算机。所有实验器材与计算机网络的连接如图 28-10 所示。

分别在个人计算机和公共计算机上进行相关操作后，即可完成相应的实验任务。

（5）个人机源程序处理操作

在个人计算机上进行实验操作：编制自己的单片机实验程序，对所编程序进行编译、构造生成目标程序、发送目标程序至服务器等。具体操作步骤如下：

① 打开桌面上“单片机实验”文件夹，其中包含“Keil uVision2”和“发送目标文件到服务器”两个快捷方式图标。各自作用如下：

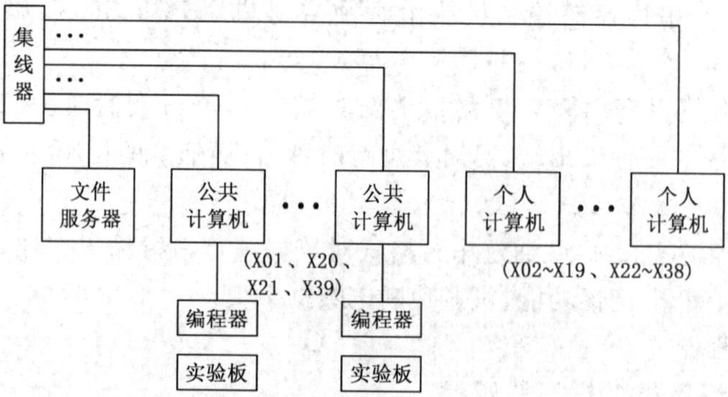

图 28-10　实验器材与计算机网络的连接

"Keil uVision2":是一个德国 Keil 公司开发的基于 Windows 平台的单片机集成开发环境,通过它可以完成单片机源程序的输入、编辑、编译,生成二进制的机器语言目标程序。

"发送目标文件到服务器":一个快捷操作命令,可将在个人计算机上生成的二进制目标程序传送至文件服务器上。

② 运行"Keil uVision2"程序。

双击"Keil uVision2"图标,出现如图 28-11 所示的界面。其中主要包括"源程序输入、编辑区""目标程序构造区"和"目标程序构造信息提示区"三个区域。

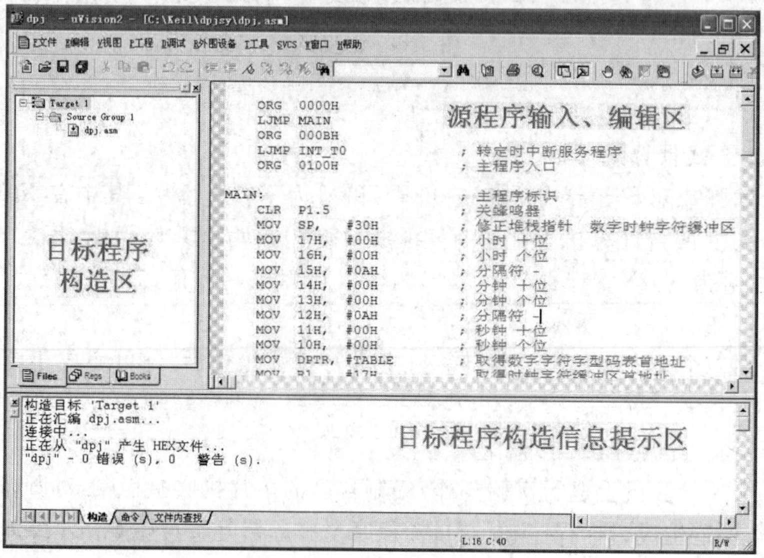

图 28-11　"Keil uVision2"编程软件运行界面

在个人计算机上对“Keil uVision2”软件已经进行了相关的配置，如已经建立好一个工程文件、配置了一个“dpj. asm”的源程序文档。现只需进行简单操作即可完成目标程序的构造任务。

③ 单片机源程序的输入。

在“源程序输入、编辑区”内输入源程序，并对所输入的源程序进行校对。

④ 对单片机源程序进行编译，构造目标程序。

鼠标右击“目标程序构造区”，在快捷菜单中选“重新构造所有目标”，系统将在“目标程序构造信息提示区”内给出错误个数提示。若无错误，则到步骤⑤；否则返回步骤③，修改源程序。

⑤ 将目标程序传送至文件服务器。

双击“发送目标文件到服务器”快捷方式图标，将所构造的目标程序发送至机房的服务器中；

⑥ 到公共机上进行写芯片及程序验证运行操作。

（6）公共机编程器写芯片操作

在公共计算机上进行如下实验操作：将目标程序写入单片机芯片，在实验板上验证自己的程序。

① 启动“Easy 51 Pro”程序。

运行公共机上的“Easy 51 Pro”程序，出现如图 28-12 所示界面。

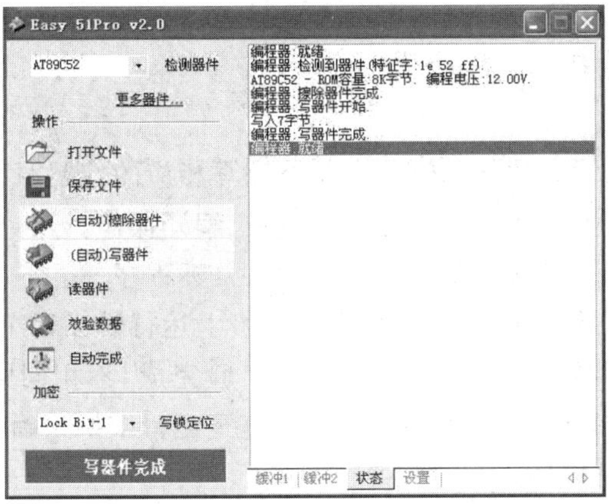

图 28-12 “Easy 51 Pro”编程器控制软件运行界面

“Easy 51 Pro”程序是一个可对“编程器”进行操作管理的上位机软件。在“编程器”已经与计算机的串行通信接口连通的前提下，可将目标程序写入到单片机芯片中。

② 将单片机芯片按正确的方向放入编程器的芯片插座内，紧固。

③ 选“打开文件”:选择自己机器号对应的目标程序。

④ 选“自动完成”:自动进行芯片的擦除、写入等操作。

⑤ 将单片机芯片从编程器取下,放入实验板芯片插座内,紧固。

⑥ 给实验板送电,查看程序的运行结果。

如果单片机在实验板上的运行结果与设想的效果相同,则说明所编制的单片机源程序正确,此实验完成;如果单片机在实验板上的运行结果与设想的效果不同,则说明所编制的单片机源程序有错误,此时可回到个人计算机上对源程序中的错误进行修正,重新进行编译,重新构造目标程序。

(7) 单片机程序基本结构

根据所用实验板的电路结构特点,现给出实验所对应的单片机源程序的基本结构如下:

```
CLR     P1.5            ;关闭蜂鸣器
… …                     ;主程序段
SJMP    $               ;程序停止
标号:  [子程序]         ;子程序标记
… …                     ;子程序段
RET                     ;子程序结束
END                     ;编译结束
```

28.4 实验过程与步骤

(1) 根据自己设想的指示灯发光状态编写相应的控制源程序。

(2) 在个人机上完成汇编源程序的输入、编译操作。

(3) 在公共机上完成向单片机芯片写入目标程序。

(4) 将单片机装入实验板插座,在实验板上运行目标程序操作。

(5) 验证运行结果:如与原设想相同,实验完成,不相同则在个人机上修改汇编源程序,重新编译、写芯片、验证结果,直至运行结果正确。

29 指示灯动态控制

29.1 实验目的

(1) 学习掌握指示灯动态控制的思路和方法。
(2) 学习掌握延时子程序的编制方法，并可对延时时间长短进行控制。
(3) 可根据自己的设想编制出相应的指示灯动态控制程序。

29.2 实验原理

实验板上发光二极管 LED0～LED7 已经与 P0.0～P0.7 连接，可以通过向 P0 口输出一个特定的控制字用以控制其是否发光。控制字中低电平将使对应二极管发光，高电平将使对应二极管不发光。动态变化效果可用延时输出不同控制字的办法来实现。延时时间的长短可控制动态变化的速度。

参考程序如下：

```
CLR     P1.5              ；关闭蜂鸣器
AA：                      ；重复返回位置标志
MOV      P0，＃x1H        ；输出控制字 1
[延时]                    ；调用延时子程序
MOV      P0，＃x2H        ；输出控制字 2
[延时]                    ；调用延时子程序
… …                      ；重复输出控制字
LJMP    AA                ；返回重复输出各控制字
标号：［延时子程序］      ；延时子程序标志
… …                      ；延时子程序具体内容
RET                       ；延时子程序结束
END                       ；编译结束
```

29.3 仪器设备与材料

见实验 28。

29.4 实验过程与步骤

(1) 根据自己设想的指示灯动态变化效果编写相应的控制源程序。

(2) 在个人机上完成汇编源程序的输入、编译操作。

(3) 在公共机上完成向单片机芯片写入目标程序操作。

(4) 将单片机装入实验板插座,在实验板上运行目标程序。

(5) 验证运行结果:如与原设想相同,实验完成,不相同则在个人机上修改汇编源程序,重新编译、写芯片、验证结果,直至运行结果正确。

30　数码管编码测试

30.1　实验目的

（1）根据实验板的电路原理图了解和掌握数码管的控制思路和方法。

（2）学习和掌握对数码管的段控制位进行测试的思路和方法。

（3）学习和掌握对给定的十六进制字符进行字型编码的思路和方法。

30.2　实验原理

数码管的外部结构及内部连接如图 30-1 所示。本实验板数码管的内部连接方式采用共阳极接法，并由 P0 口对各段进行控制，故当 P0. X 为低电位时，对应段发光，为高电位时对应段不发光。而数码管中各段的对应控制位需要经本次实验进行测试。数码管的各位由 P2 口进行选择控制，其对应关系为：P2. 7 用于控制数码管的左第一位（最高位），P2. 6 用于控制数码管的左第二位（次高位），依此类推，P2. 0 用于控制数码管的右第一位（最低位）。其选择控制信号采用高电平有效，即当 P2. X 输出为高电平时，数码管对应的位被选中，可用于显示输出字符；而当 P2. X 输出为低电平时，数码管对应的位上将无输出。

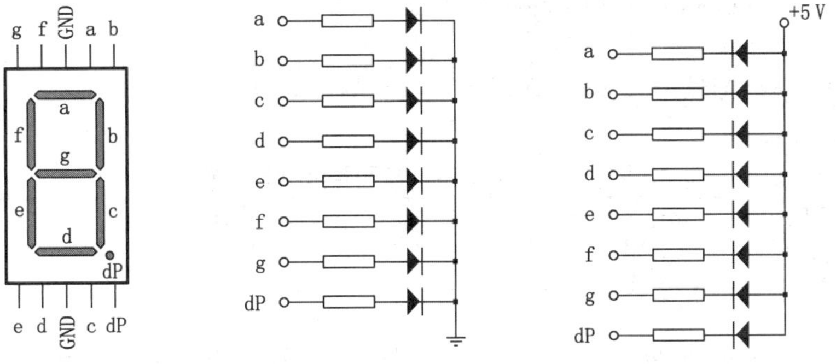

符号及引脚　　共阴极　　共阳极

图 30-1　数码管的外部结构及内部连接

参考程序如下：

```
CLR    P1.5          ；关闭蜂鸣器
MOV    P2，#01H      ；测试 P2 口最低位所控制的位
       ；(高电平有效)
MOV    P0，#0FEH     ；测试 P0 口最低位所控制的段
       ；(低电平有效)
SJMP   $             ；程序停止
END                  ；编译结束
```

30.3 仪器设备与材料

见实验 28。

30.4 实验过程与步骤

(1) 根据自己设想的测试方法编写相应的测试用源程序。

(2) 在个人计算机上完成汇编源程序的输入、编译操作，在公共计算机上完成向单片机芯片写入目标程序。

(3) 运行测试程序，根据显示结果确定位控制和段控制结果。

(4) 改变位控制编码值(P2 口内容)和段控制编码值(P0 口内容)重新进行测试，直至所有位控制和段控制测试完成。

30.5 实验数据的记录与整理

(1) 根据测试结果填写“数码管段控制测试结果表”(表 30-1)。

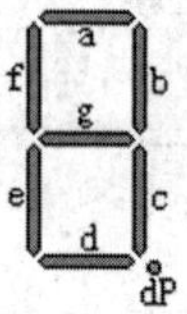

表 30-1 数码管段控制测试结果表

代码位	D7	D6	D5	D4	D3	D2	D1	D0
显示位								

(2) 按表 30-2 给定的十六进制字符样式，编写出实验板上十六进制字符的字型编码。

表 30-2　十六进制字符字型编码表

十六进制数	字型编码	十六进制数	字型编码	十六进制数	字型编码	十六进制数	字型编码
0		1		2		3	
4		5		6		7	
8		9		A		b	
C		d		E		F	

31 数码管静态控制

31.1 实验目的

(1) 根据实验板的电路原理图了解和掌握数码管的控制思路和方法。

(2) 学习和掌握向数码管指定位输出特定字符的方法。

(3) 学习和掌握调整数码管重复刷新显示时间间隔的方法，并对理想显示效果(无重影、无闪烁)所需的时间间隔进行判定。

31.2 实验原理

数码管的位选择控制由 P2 口实现，显示输出内容由 P0 口传送，故此要想在数码管上显示输出指定内容，先要编制出要显示输出字符的字型码(如显示十六进制字符的字型编码)，将此字型码送 P0 口，再由 P2 口选择要输出的位。即由 P0 口输出字符，由 P2 口选择要输出的位置。

当一个字符输出完毕后，使用相同的方法在另一个位置输出其他字符。利用数码管显示信息消失需要一定时间的特点使所输出的字符能保持一段时间。

通过延时来控制输出时间间隔的长短，使延时时间控制在合理的范围内。延时时间过大会出现字符闪烁的现象，延时时间过小会出现字符重影的现象。

参考程序如下：

```
        CLR     P1.5          ；关闭蜂鸣器
AA:                           ；重复刷新显示字符
        MOV     P2，＃xxH     ；选择要输出的位(高电平有效)
        MOV     P0，＃xxH     ；向所选位输出指定字符
        [延时]                ；调用延时子程序
        MOV     P2，＃xxH     ；选择要输出的位(高电平有效)
        MOV     P0，＃xxH     ；向所选位输出指定字符
        [延时]                ；调用延时子程序
        … …                   ；重复选择位并输出指定字符
        LJMP    AA            ；返回刷新显示
```

```
标号:[延时子程序]          ; 延时子程序入口
        … …                ;延时子程序段
        RET                ; 延时子程序结束
        END                ; 编译结束
```

31.3 仪器设备与材料

见实验28。

31.4 实验过程与步骤

(1) 根据自己设想的显示输出内容编写相应的源程序。

(2) 在个人计算机上完成汇编源程序的输入、编译操作,在公共计算机上完成向单片机芯片写入目标程序。

(3) 运行测试程序,根据显示结果判断延时时间间隔的合理性。

(4) 通过改变延时时间间隔来改变显示输出结果,并据此推断出合理的延时时间间隔。

32　数码管动态控制

32.1　实验目的

(1) 根据实验板的电路原理图了解和掌握数码管的控制思路和方法。
(2) 学习和掌握向数码管指定位输出变化字符的方法。
(3) 学习和掌握按照给定的规则改变字符的方法。
(4) 学习和掌握从字符字型码表中读取字符字型码的方法。

32.2　实验原理

由于在指定位上输出的内容是变化的,可通过预先在程序存储器中建立一个字符字型码表,并将数据指针寄存器(DPTR)指向到此字符字型表的首地址处。在程序中通过读取字符字型表的方法(使用"MOVC A,@A+DPTR"指令),根据要输出字符的值取得要输出字符的字型码,这样可以通过改变要输出字符的值来改变要输出字符的字型码,从而实现动态输出。

参考程序如下:

```
        CLR     P1.5            ;关闭蜂鸣器
        MOV     DPTR,#Table     ;取得字型表首地址
        MOV     P2,#01H         ;选择最右位数码管输出
A1:     MOV     R0,#OOH         ;输出第一个字符为0
A2:     MOV     A,R0            ;暂存待输出字符
        MOVC    A,@A+DPTR       ;取得待输出字符的字型码
        MOV     P0,A            ;输出字型码
        [延时]                  ;调用延时子程序
        INC     R0              ;调整输出的下一个字符
        CJNE    R0,#0AH,A2      ;输出数值是否到10,未到10继续
        LJMP    A1              ;到10,则再从0开始输出
标号:[延时子程序]               ;延时子程序入口
        ……                      ;延时子程序段
```

```
        RET                         ；延时子程序结束
Table：                             ；字型表的首地址
        db      48h                 ；0 字型码
        db      0ebh                ；1 字型码
        … …                         ；2～7 字型码
        db      40h                 ；8 字型码
        db      60h                 ；9 字型码
        END                         ；编译结束
```

32.3 仪器设备与材料

见实验 28。

32.4 实验过程与步骤

(1) 根据给定的参考程序编写出相应的动态输出字符的源程序。

(2) 在个人计算机上完成汇编源程序的输入、编译操作，在公共计算机上完成向单片机芯片写入目标程序。

(3) 运行测试程序，根据显示结果判断延时时间间隔的合理性。

(4) 通过改变延时时间间隔来改变显示输出结果，从而可以改变输出字符变化的速度。

33 数字式时钟设计

33.1 实验目的

(1) 根据实验板的电路原理图了解和掌握数码管的控制思路和方法。

(2) 学习和掌握建立输出字符缓冲区及从缓冲区中读取字符字型码的方法。

(3) 学习和掌握使用定时计数器进行超长时间精确定时的方法。

(4) 学习和掌握按特定的计数规则进行计数的方法。

33.2 实验原理

显示输出的时钟内容可预先存放在一个显示缓冲区中,通过改变该缓冲区中的值来改变要输出的时钟内容。

时钟内容输出要求计时精确,可以通过使用定时器来实现对延时的精确控制。如选择使用单片机上的某个定时计数器,指定其为定时方式,并工作在方式2下,这样可以对定时时间进行精确的控制;再通过按一定次数累计定时中断次数,达到对1 s时间的精确定时控制,每过1 s改变一下缓冲区中的内容,实现变化时钟的显示输出。

时钟内容的变化要按时钟进位规律进行,即1 h=60 min,1 min=60 s。可按特定的计数规则通过计算来实现显示内容的变化。

参考程序如下:

```
        org     0000h           ; 程序入口
        ljmp    main            ; 转主程序
        org     000bh           ; 定时中断服务程序入口
        ljmp    int_t0          ; 转定时中断服务程序
        org     0100h           ; 主程序入口
main:                           ; 主程序标识
        clr     p1.5            ; 关蜂鸣器
        mov     sp, #30h        ; 修正堆栈指针
```

```
                                ；数字时钟字符缓冲区
        mov     17h，#00h       ；小时 十位
        mov     16h，#00h       ；小时 个位
        mov     15h，#0ah       ；分隔符 —
        mov     14h，#00h       ；分钟 十位
        mov     13h，#00h       ；分钟 个位
        mov     12h，#0ah       ；分隔符 —
        mov     11h，#00h       ；秒钟 十位
        mov     10h，#00h       ；秒钟 个位
        mov     dptr，#table    ；取得数字字符字型码表首地址
        mov     r1，#17h        ；取得时钟字符缓冲区首地址
        mov     r0，#80h        ；输出字符的位置
        mov     r7，#08h        ；输出的字符个数
        mov     r6，#0ch        ；每中断 12 次显示一位字符
        mov     tmod，#02h      ；定时器 0 方式 2
        mov     tl0，#06h       ；定时计数初值
        mov     th0，#06h       ；定时计数初值
        mov     r2，#0fah       ；计数常数 250
        mov     r3，#10h        ；计数常数 16
        setb    ea              ;开总中断
        setb    et0             ；开定时器 0 中断
        setb    tr0             ；启动定时器 0
        sjmp    $               ；等待中断
int_t0:                         ；定时中断服务程序
        djnz    r6，int_1s      ；没有达到 12 次中断，不显示输出字符
        mov     r6，#0ch        ；达到 12 次，重新取得中断次数初值
        mov     p2，r0          ；输出位选择控制
        mov     a，r0           ；位控制到 A
        rr      a               ;位控制右移一位
        mov     r0，a           ；保存位控制
        mov     a，@r1          ；取得要输出的字符
        movc    a，@a+dptr      ；取得要输出字符的字型码
        mov     p0，a           ；输出字符
        dec     r1              ;选择下一个要输出字符的地址
```

```
        djnz    r7, int_1s         ；一组字符是否输出完毕
        mov     r7, ＃08h          ；输出完毕,重定义字符个数
        mov     r1, ＃17h          ；重新取得时钟字符缓冲区首地址
int_1s:                            ；计数调整时间
        djnz    r2, e_int          ；1 秒计时时间未到,结束中断
        mov     r2, ＃0fah         ；计数器重新取得初值
        djnz    r3, e_int          ；1 秒计时时间未到,结束中断
        mov     r3, ＃10h          ；1 秒计时时间到
                                   ；计数器重新取得初值
        inc     10h                ；调整秒个位
        mov     a, 10h             ；取得秒个位
        cjne    a, ＃0ah,e_int     ；秒个位等于 10?
        mov     10h, ＃00h         ；等于 10,归零
        inc     11h                ；调整秒十位
        mov     a, 11h             ；取得秒十位
        cjne    a, ＃06h,e_int     ；秒十位等于 6?
        mov     11h, ＃00h         ；等于 6,归零
        inc     13h                ；调整分个位
        mov     a, 13h             ；取得分个位
        cjne    a, ＃0ah,e_int     ；分个位等于 10?
        mov     13h, ＃00h         ；等于 10,归零
        inc     14h                ；调整分十位
        mov     a, 14h             ；取得分十位
        cjne    a, ＃06h,e_int     ；分十位等于 6?
        mov     14h, ＃00h         ；等于 6,归零
        inc     16h                ；调整时个位
        mov     a,16h              ；取得时个位
        cjne    a, ＃0ah,e_int     ；时个位等于 10?
        mov     16h, ＃00h         ；等于 10,归零
        inc     17h                ；调整时十位
e_int:                             ；定时器 0 中断服务程序出口
        reti                       ；定时器 0 中断服务结束,返回
table:                             ；数字字形码表
        db      48h                ；字符 0
```

```
db      0ebh              ；字符 1
db      52h               ；字符 2
db      62h               ；字符 3
db      0e1h              ；字符 4
db      64h               ；字符 5
db      44h               ；字符 6
db      0eah              ；字符 7
db      40h               ；字符 8
db      60h               ；字符 9
db      0f7h              ；字符 —
end                       ；程序结束
```

33.3 仪器设备与材料

见实验 28。

33.4 实验过程与步骤

(1) 根据给定的参考程序编写出相应的输出数字式时钟的源程序。

(2) 在个人计算机上完成汇编源程序的输入、编译操作，在公共计算机上完成向单片机芯片写入目标程序操作。

(3) 通过改变显示缓冲区中初始内容来改变时钟的初始时刻，进而来验证时钟进位的正确性。

33.5 思考题

在数码管上按如下格式输出一个准确变化时钟，计时精度为 0.1 秒或 0.01 秒。

$$\underbrace{XX}_{\text{时}}\underbrace{XX}_{\text{分}}\underbrace{XX}_{\text{秒}}-\underbrace{X}_{\frac{1}{10}\text{秒}} \qquad \underbrace{XX}_{\text{时}}\underbrace{XX}_{\text{分}}\underbrace{XX}_{\text{秒}}\underbrace{XX}_{\frac{1}{10}\text{秒}}$$

以上两种时钟显示格式任选其一。

每人独立完成程序设计及实验任务，按给定的实验报告格式编写并上交实验报告。

33.6 附录

(1) 实验报告

《微机原理与接口技术》实验报告

学　号		姓　名	
专业班级		完成日期	

项目1:十六进制数字型编码。

LED 段控制位对照表

代码位	D7	D6	D5	D4	D3	D2	D1	D0
显示位								

十六进制字符字型编码表

十六进制字符	字型编码	十六进制字符	字型编码
0		8	
1		9	
2		A	
3		b	
4		C	
5		d	
6		E	
7		F	

评 语:

实验分数:　　　　　　教师签名:　　　　　　　　　　________年____月____日

(2) M340 可编程控制器实验平台

本实验平台所选用的可编程控制器为施耐德电气有限公司提供的 M340 系列的控制器，整个实验平台一共有 5 套，每一套实验平台均配置 1 个实验平台，1 台联想电脑，1 个控制柜。

联想电脑安装了上位机软件 Vijeo Citect、下位机软件 Unity Pro；Vijeo Citect 是施耐德电气有限公司研发的一种工业组态软件，可供学生学习工业组态软件的设计和开发；Unity Pro 是 M340PLC 的编程软件，实现对 M340PLC 程序的编制、下载、在线等操作。

控制柜中集成了 M340PLC，CPU 型号为 P342020，集成了 USB 口、Modbus、Ethernet TCP/IP 三种端口，上位机及编程软件可以通过三种端口的任意一种进行通信；同时 M340PLC 配置了相应的离散量、模拟量输入输出模块以及热电阻模块，可以供学生进行离散量及模拟量控制的学习。控制柜内部集成一个交换机，可以和其他实验平台进行组网操作等；控制柜面板集成了大量的开关以及电流表、电位计，可以供学生进行开关量和模拟量的学习和操作。离散量的输入输出均是 24VDC，由集成在控制柜内部的 24 V 开关电源供电。在控制柜内部的右上角集成了一个 0.18 kW 的变频器，可供学生学习电机调速知识；控制柜内部还集成了大量的继电器和接线端子，最大限度地再现工业实际控制原理。

本实验平台整体供电为 220VAC，控制柜的内、外部的导线连接均通过接线端子连接，故在实验过程中注意用电安全，防止发生学生触电！

34 定时器/计数器功能实验

34.1 实验目的

(1) 熟悉 PLC 实验装置及 M340 系列可编程控制器的外部接线方法。

(2) 了解编程软件 Unity Pro 的编程环境及软件的使用方法。

(3) 掌握简单的启、停、自保持编程方法。

(4) 掌握互逆脉冲功能的编程方法。

34.2 实验原理

可编程控制器采用不断循环扫描的工作方式,其循环扫描的主要工作过程分为三个阶段,即输入采样阶段、程序执行阶段与输出刷新阶段。

(1) 输入采样阶段

在程序执行前,可编程控制器首先扫描各输入模块,将所有外部输入信号的状态读入到映像存储器中,随后转入程序执行阶段。在程序执行期间,即使外部输入信号的状态发生了变化,输入映像存储器的内容也不会随之改变,这些变化只能在下一个扫描周期的输入采样阶段才能被读入。就是说输入到输入映像存储器的内容,在本工作周期内不会改变。

(2) 程序执行阶段

CPU 是采用分时操作的,每一时刻执行一个操作,所以程序的执行是按顺序号依次进行的。梯形图的扫描过程也是按从上到下、先左后右的次序进行的。据此可知,可编程控制器在程序执行阶段,根据用户程序的顺序及要求,从输入映像存储器、内部元件存储器(内部辅助继电器、定时器、计数器等的状态)和输出映像存储器中将有关元件的状态读出,按用户程序进行逻辑判断和算术运算,并将每步结果立即写入有关的存储器中。因此各元件(实装输入点除外)存储器的内容随着程序的执行在不断变化。

(3) 输出刷新阶段

在执行完用户所有程序后(或下次扫描用户程序前),CPU 将输出映像存储器的内容,通过输出锁存器输出到输出端子上去驱动外部负载,即为输出刷新。

34.3　仪器设备与材料

(1) M340 系列可编程控制器。

(2) 交流接触器。

(3) 电气工具。

(4) 导线。

34.4　实验过程与步骤

(1) 选择一种编程软件与 M340PLC 通信方式，然后连接好通信电缆。

(2) 打开 Unity Pro 软件，新建一个项目，选择 CPU 型号为 P3402020，然后根据实验平台上 M340PLC 的实物，完成相应的硬件组态并点击“生成”→“重新生成所有项目”，验证配置有无错误。

(3) 单击“PLC”→“设置地址”，根据选择的通信方式设置好相应的通信参数，设置完参数后单击“测试连接”，验证通信是否正常；这一步操作可以在新建项目操作步骤之前进行。

(4) 若是选择以太网通信方式，则必须在“项目浏览器”→“通信”→“网络”，右键新建网络，配置相应的以太网通信参数。

(5) 在“项目浏览器”→“程序”→“任务”→“MAST”→“段”，右键“新建段”，可以进行程序的编写。

(6) 验证重新生成所有项目程序是否有语法错误，下载、在线监控和修改程序。

34.5　思考题

(1) 写出与、或、非的真值表。

(2) 简述启、保、停程序的定义及特点。

35 四台设备启停的模拟

35.1 实验目的

(1) 了解定时器、计数器的使用方法。

(2) 了解四台设备顺序启停的控制特点。

(3) 了解设备之间的闭锁关系。

(4) 对一个用四台设备的系统,分别用四台电动机带动,控制要求如下:启动时先启动最末一台设备 404,经过 5 s 延时,再依次启动 403、402、401 设备。停止时应先停止最前一台设备 401,待该台设备上所有物料均输送到下一台设备上后再依次停止下一台设备。当某台设备发生故障时,该设备及其所闭锁的前面设备均立即停止,而该设备后面的设备正常运行。例如 402 故障,401、402 立即停,403、404 正常运行。

35.2 实验原理

(1) 接通延迟定时器 TON(图 35-1)

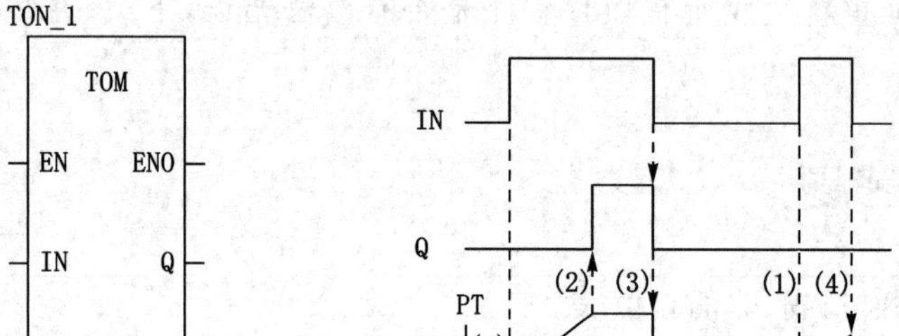

图 35-1

① 如果 IN 变为"1",则内部时间 (ET) 启动。

② 如果内部时间达到 PT 的值,则 Q 变为"1"。

③ 如果 IN 变为"0",则 Q 变为"0"且内部时间停止或复位。

④ 如果在内部时间达到 PT 的值之前 IN 变为“0”，则内部时间停止或复位，而 Q 不变为“1”。

(2) 关闭延迟定时器 TOF(图 35-2)

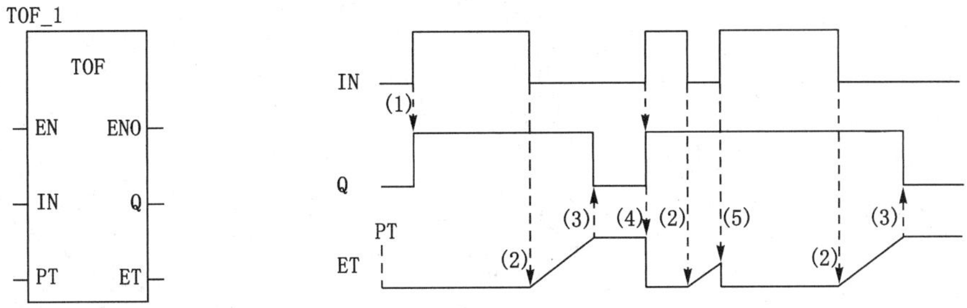

图 35-2

① 如果 IN 变为“1”，则“Q”变为“1”。

② 如果 IN 变为“0”，则内部时间(ET)启动。

③ 如果内部时间达到 PT 的值，则 Q 变为“0”。

④ 如果 IN 变为“1”，则 Q 变为“1”，且内部时间停止或复位。

⑤ 如果在内部时间达到 PT 的值之前 IN 变为“1”，则内部时间停止或复位，而不将 Q 重新设置为“0”。

(3) 减计数器(图 35-3)

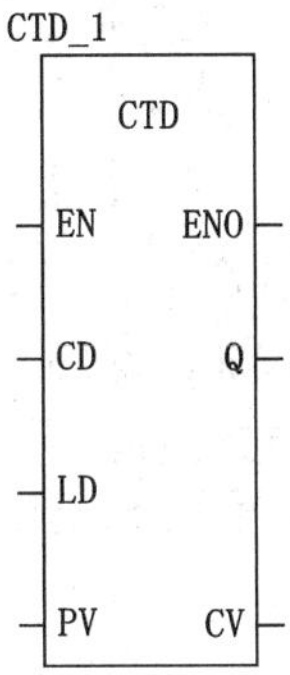

图 35-3

LD 输入处的“1”信号会将 PV 输入的值分配给 CV 输出。对于 CD 输入处每次从“0”到“1”的跳变，都会将 CV 的值减 1。

当 CV≤0 时，Q 输出将变为“1”。

(4) 加计数器(图 35-4)

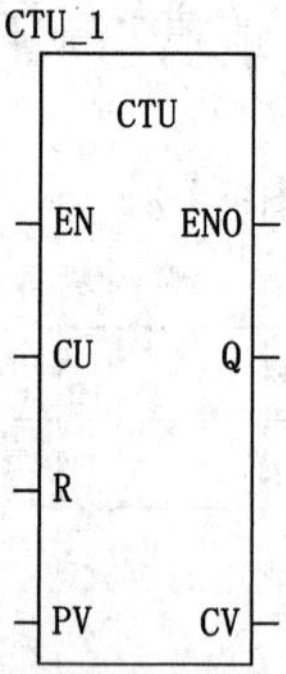

图 35-4

R 输入处的“1”信号会使值“0”赋予 CV 输出。对于 CU 输入处每次从“0”到“1”的跳变，都会将 CV 加 1。当 CV≥PV 时，Q 输出设置为“1”。

(5) 启停顺序

启动顺序原则上是逆物料流向逐台延时启动，启动延时时间一般为 3～5 s，以避开前台设备电动机启动时的冲击电流，减小对电网的冲击。停车顺序一般正常情况，应顺物料流向方向逐台延时停车，延长时间为该台设备上的物料全部被转运到下台设备所需的时间；故障时，应在最短的时间内停掉全部设备或故障设备至给料设备之间所有设备。

(6) 闭锁关系

连续生产的系统其上下游设备之间应存在着严格的闭锁关系，以确保某台设备故障时不至于引起事故范围的扩大。

(7) 预告信号

在启动前，系统应发出启动预告信号，提醒现场操作人员回到各自工作岗位，靠近设备的人员远离即将开车的设备，有关操作人员应检查设备，向系统发出允许启动的应答信号(应答制)或禁启信号(禁启制)，以保障启动前人员和设备的安全。同样，在停车前也应当发出停车预告信号。

35.3 仪器设备与材料

(1) M340 系列可编程控制器。

(2) 交流接触器。

(3) 电气工具。

(4) 导线。

35.4　实验过程与步骤

(1) 选择一种编程软件与 M340PLC 通信方式,然后连接好通信电缆。

(2) 打开 Unity Pro 软件,新建一个项目,选择 CPU 型号为 P3402020,然后根据实验平台上 M340PLC 的实物,完成相应的硬件组态并点击“生成”→“重新生成所有项目”,验证配置有无错误。

(3) 单击“PLC”→“设置地址”,根据选择的通信方式设置好相应的通信参数,设置完参数后单击“测试连接”,验证通信是否正常;这一步操作可以在新建项目操作步骤之前进行。

(4) 若是选择以太网通信方式,则必须在“项目浏览器”→“通信”→“网络”,右键新建网络,配置相应的以太网通信参数。

(5) 在“项目浏览器”→“程序”→“任务”→“MAST”→“段”,右键“新建段”,可以进行程序的编写。

(6) 验证重新生成所有项目程序是否有语法错误,下载、在线监控和修改程序。

35.5　思考题

(1) 简述定时器、计数器的定义、种类以及作用。

(2) 简述设备之间闭锁关系的定义及作用。

(3) 简述预告的定义及作用。

36 选煤厂集中控制系统模拟实验

36.1 实验目的

(1) 掌握选煤厂集中控制系统的基本原理。
(2) 掌握选煤厂参与集控设备之间的闭锁关系。
(3) 掌握梯形图 PLC 语言的编写规则。

36.2 实验原理

通过模拟选煤厂集中控制系统,了解选煤厂中参与集中控制及不参与集中控制设备的二次控制回路的原理和设计、集中控制程序的编写、图纸的设计以及施工步骤等。选煤厂集中控制系统的工作原理图如图 36-1 所示。

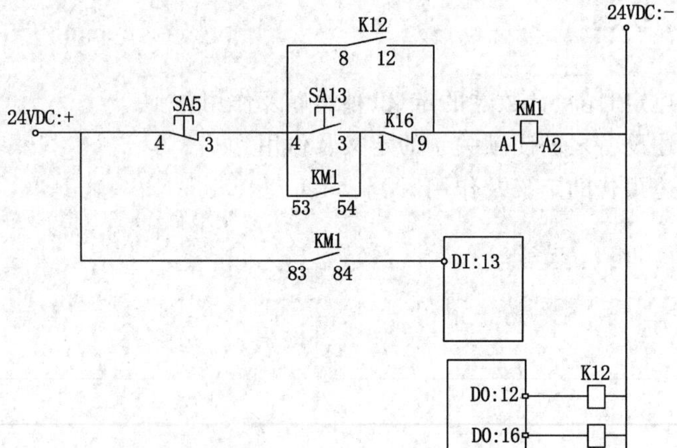

图 36-1 集中控制系统工作原理图

就地:控制 PLC 的 DI:16 输出低电平,K16 常闭触点 1～9 闭合,系统处于就地状态,控制 PLC 的 DI:12 输出低电平,K12 线圈失电,K12 常开触点 8～12 断开,按下 SA13,KM1 线圈得电,KM1 常开触点 53～54、83～84 闭合,KM1 线圈自锁，同时 DI:13 得电，PLC 采集到 KM1 运行信号。按下 SA5，KM1 线圈失电，其 KM1 常开触点 53～54、83～84 断开，DI:13 失电，PLC 采集到 K1 停止信号。

集中：控制 PLC 的 DI:16 输出高电平，K16 常闭触点 1～9 断开，系统处于集中状态，控制 PLC 的 DI:12 输出高电平，K12 线圈得电，K12 常开触点 8～12 闭合，此时，KM1 线圈得电，KM1 常开触点 53～54、83～84 闭合，DI:13 得电，PLC 采集到 KM1 运行信号。控制 PLC 的 DI:12 输出低电平，K12 线圈失电，K12 常开触点 8～12 断开，KM1 线圈失电，KM1 常开触点 53～54、83～84 断开，DI:13 失电，PLC 采集到 KM1 停止信号。

36.3 仪器设备与材料

(1) M340 系列可编程控制器 5 套。

(2) 交流接触器 20 台。

(3) 电气工具 1 套。

(4) 导线。

36.4 实验过程与步骤

(1) 二次控制回路：

① 能够通过启动按钮、停车按钮即控制柜面板手动进行设备的启动、停止。

② 能够通过集中启车，即按照预先编制好的程序顺序进行设备的启动、停止。

③ 具有手动、集控启停无扰动切换功能。

④ 能够采集设备运行反馈信号、禁启信号。

(2) 根据控制回路进行硬件设备的连接。

(3) 硬件连接好之后进行 PLC 程序的编制、调试。

(4) 参考梯形图如图 36-2 所示。

(5) 按学院要求及实验指导书完成实验报告。

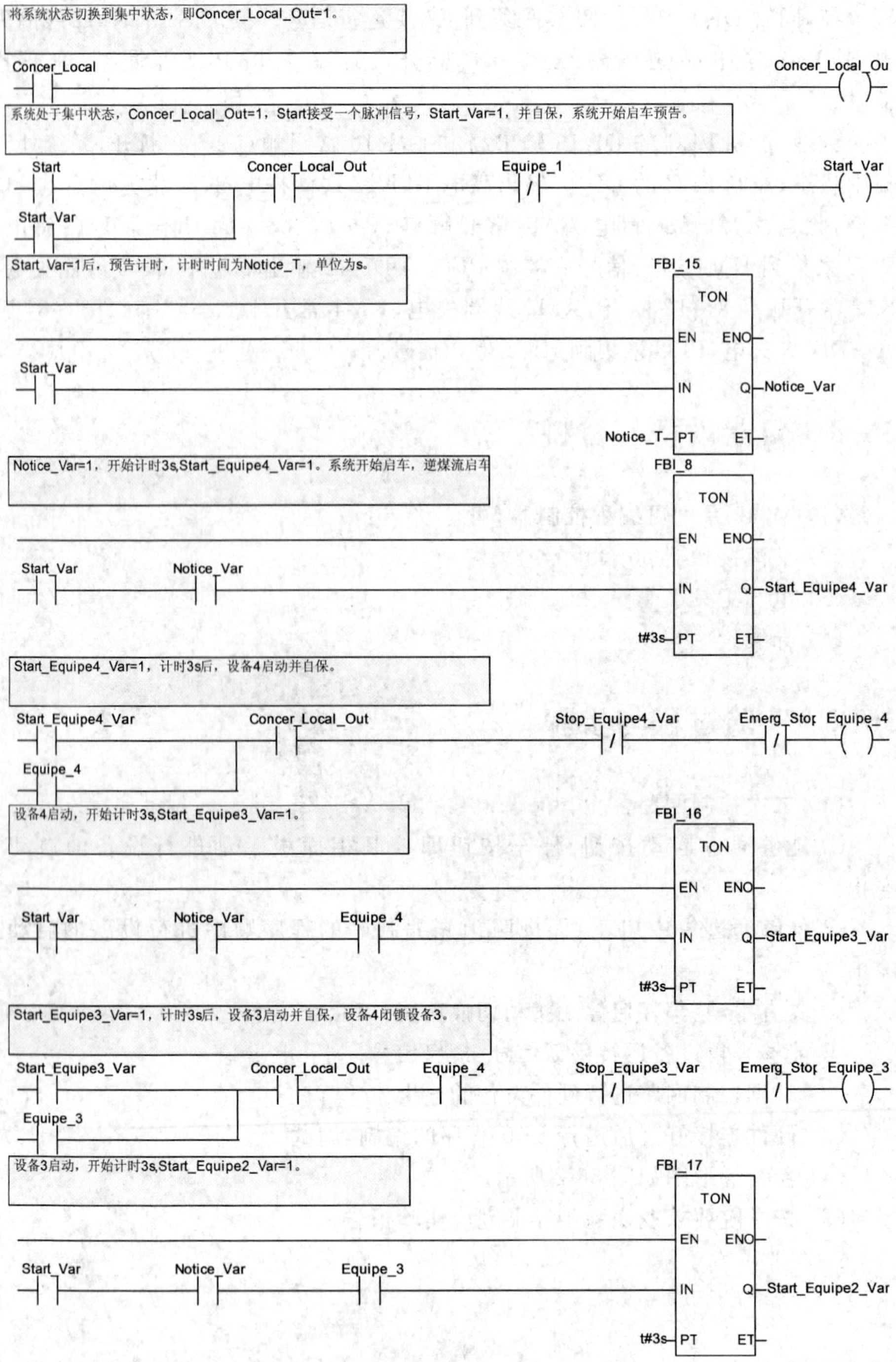
将系统状态切换到集中状态，即Concer_Local_Out=1。
Concer_Local
Concer_Local_Ou
系统处于集中状态，Concer_Local_Out=1，Start接受一个脉冲信号，Start_Var=1，并自保，系统开始启车预告。
Start
Concer_Local_Out
Equipe_1
Start_Var
Start_Var
Start_Var=1后，预告计时，计时时间为Notice_T，单位为s。
FBI_15
TON
EN
ENO
Start_Var
IN
Q
Notice_Var
Notice_T
PT
ET
Notice_Var=1，开始计时3s,Start_Equipe4_Var=1。系统开始启车，逆煤流启车
FBI_8
TON
EN
ENO
Start_Var
Notice_Var
IN
Q
Start_Equipe4_Var
t#3s
PT
ET
Start_Equipe4_Var=1，计时3s后，设备4启动并自保。
Start_Equipe4_Var
Concer_Local_Out
Stop_Equipe4_Var
Emerg_Stop
Equipe_4
Equipe_4
设备4启动，开始计时3s,Start_Equipe3_Var=1。
FBI_16
TON
EN
ENO
Start_Var
Notice_Var
Equipe_4
IN
Q
Start_Equipe3_Var
t#3s
PT
ET
Start_Equipe3_Var=1，计时3s后，设备3启动并自保，设备4闭锁设备3。
Start_Equipe3_Var
Concer_Local_Out
Equipe_4
Stop_Equipe3_Var
Emerg_Stop
Equipe_3
Equipe_3
设备3启动，开始计时3s,Start_Equipe2_Var=1。
FBI_17
TON
EN
ENO
Start_Var
Notice_Var
Equipe_3
IN
Q
Start_Equipe2_Var
t#3s
PT
ET

图 36-2 参考梯形图

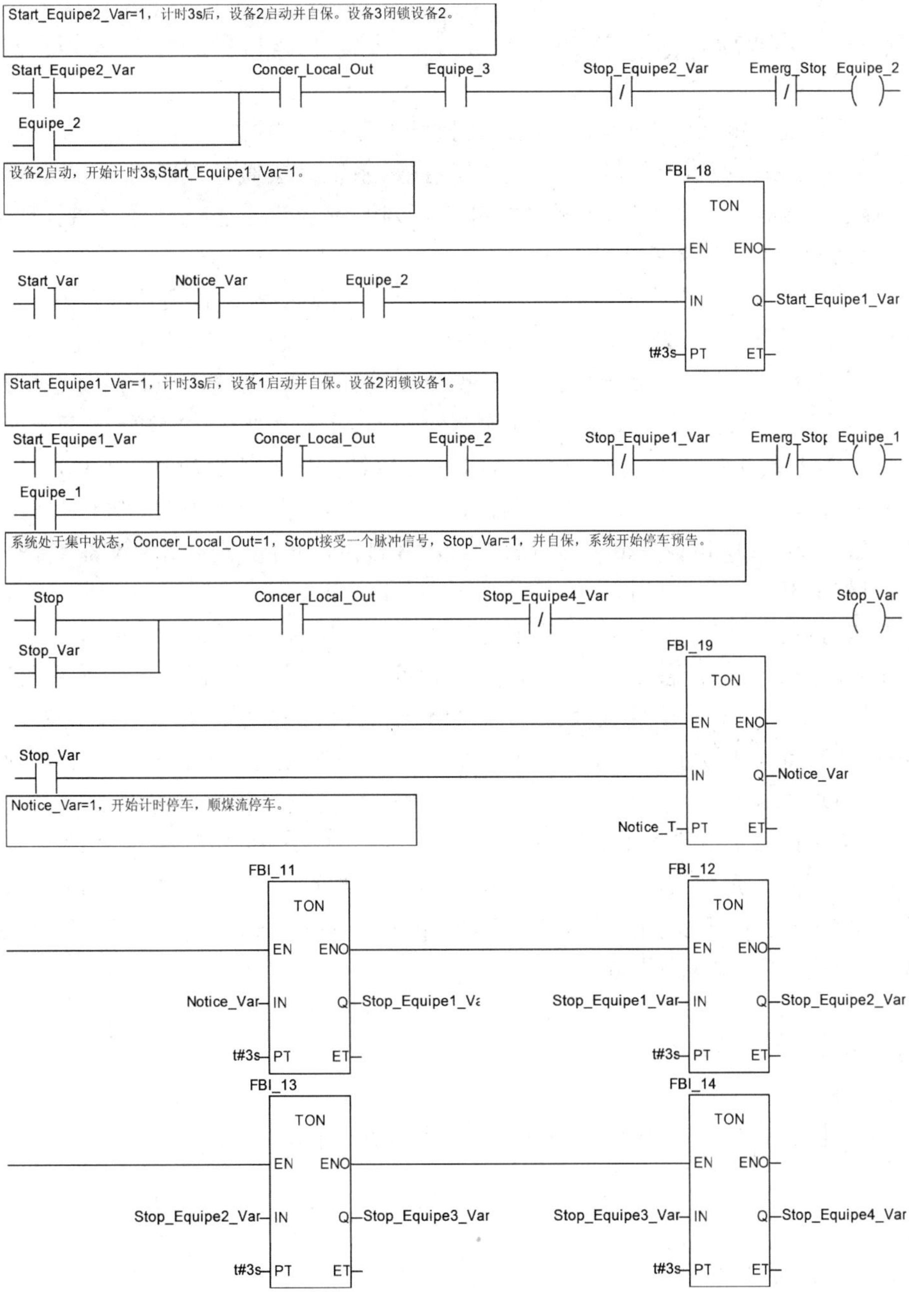
Start_Equipe2_Var=1，计时3s后，设备2启动并自保。设备3闭锁设备2。
Start_Equipe2_Var
Concer_Local_Out
Equipe_3
Stop_Equipe2_Var
Emerg_Stop
Equipe_2
Equipe_2
设备2启动，开始计时3s,Start_Equipe1_Var=1。
FBI_18
TON
EN
ENO
Start_Var
Notice_Var
Equipe_2
IN
Q
Start_Equipe1_Var
t#3s
PT
ET
Start_Equipe1_Var=1，计时3s后，设备1启动并自保。设备2闭锁设备1。
Start_Equipe1_Var
Concer_Local_Out
Equipe_2
Stop_Equipe1_Var
Emerg_Stop
Equipe_1
Equipe_1
系统处于集中状态，Concer_Local_Out=1，Stopt接受一个脉冲信号，Stop_Var=1，并自保，系统开始停车预告。
Stop
Concer_Local_Out
Stop_Equipe4_Var
Stop_Var
Stop_Var
FBI_19
TON
EN
ENO
Stop_Var
IN
Q
Notice_Var
Notice_Var=1，开始计时停车，顺煤流停车。
Notice_T
PT
ET
FBI_11
TON
EN
ENO
Notice_Var
IN
Q
Stop_Equipe1_Var
t#3s
PT
ET
FBI_12
TON
EN
ENO
Stop_Equipe1_Var
IN
Q
Stop_Equipe2_Var
t#3s
PT
ET
FBI_13
TON
EN
ENO
Stop_Equipe2_Var
IN
Q
Stop_Equipe3_Var
t#3s
PT
ET
FBI_14
TON
EN
ENO
Stop_Equipe3_Var
IN
Q
Stop_Equipe4_Var
t#3s
PT
ET

图 36-2 （续）

36.5 实验结果与分析

系统处于就地状态时，集中就地转换继电器 K16 失电，其常闭触点 K16 导通，此时控制柜面板上的启动、停止按钮有效，系统无法通过程序启、停设备，只能通过控制柜面板上的启动、停止按钮手动对每一台设备进行启、停控制，且设备之间不存在闭锁关系。

系统处于集中状态时，Concer_Local_Out=1，集中就地转换继电器 K16 得电，其常闭触点 K16 断开，此时控制柜面板上的启动按钮无效，系统通过程序进行设备的启、停控制。常开触点 Start 变量接受一个脉冲信号，Start_Var=1，并自保，系统开始启车预告，预告时间为 Notice_T，单位为 s，计时时间到，Notice_Var=1，系统开始启车，逆煤流启车，同时定时器 FBI_8 开始计时，计时 3 s 后，Start_Equipe4_Var=1，设备 4 启动并自保，然后定时器 FBI_16 开始计时，计时 3 s 后，Start_Equipe3_Var=1，设备 3 启动并自保，同时设备 4 闭锁设备 3，然后定时器 FBI_17 开始计时，计时 3 s 后，Start_Equipe2_Var=1，设备 2 启动并自保，同时设备 3 闭锁设备 2，然后定时器 FBI_18 开始计时，计时 3 s 后，Start_Equipe1_Var=1，设备 1 启动并自保，同时设备 2 闭锁设备 1，设备 1 的常闭触点断开，Start_Var=0，完成复位，启车过程结束，启车按照逆煤流方向启车；系统设置紧急停车按钮，Emerg_Stop 接收到一个脉冲信号，其常闭触点断开，所有设备均同时停车。

系统处于集中状态时，Concer_Local_Out=1，Stopt 接受一个脉冲信号，Stop_Var=1，并自保，系统开始停车预告，预告时间 Notice_T 变量定时完成，Notice_Var=1，开始计时停车，3 s 后，Stop_Equipe1_Var=1，停止设备 1，其他设备同理，停车按照顺煤流方向停车。

36.6 思考题

为什么选煤厂要顺煤流方向停车，逆煤流方向启动？

37 PID 实验

37.1 实验目的

（1）掌握 PID 的基本原理及控制特点。

（2）掌握角执行机构工作特点及控制原理。

（3）掌握模拟量线性缩放的原理。

37.2 实验原理

工业中多数传感器均支持 4～20 mA DC 信号，PLC 采集到该信号转换成一组数字量，并不是实际传感器测量的工程单位信号，需要通过用户程序，将 4～20 mA DC 对应软件中的数字量转换成工业上实际的压力、流量、液位等数值，与设定值形成偏差，偏差经过 P、I、D 运算后输出控制角执行机构动作，使得被控对象保持在新的平衡状态上，系统被消除，完成 PID 控制过程。

37.3 仪器设备与材料

（1）M340 系列可编程控制器。

（2）交流接触器。

（3）电气工具。

（4）导线。

37.4 实验过程与步骤

（1）二次控制回路：

① 能够通过启动按钮、停车按钮即控制柜面板手动进行设备的启动、停止。

② 能够通过集中启车，即按照预先编制好的程序顺序进行设备的启动、停止。

③ 具有手动、集控启停无扰动切换功能。

④ 能够采集设备运行反馈信号、禁启信号。

(2) 根据控制回路进行硬件设备的连接。

(3) 硬件连接好之后进行 PLC 程序的编制、调试。

(4) 参考梯形图如图 37-1 所示。

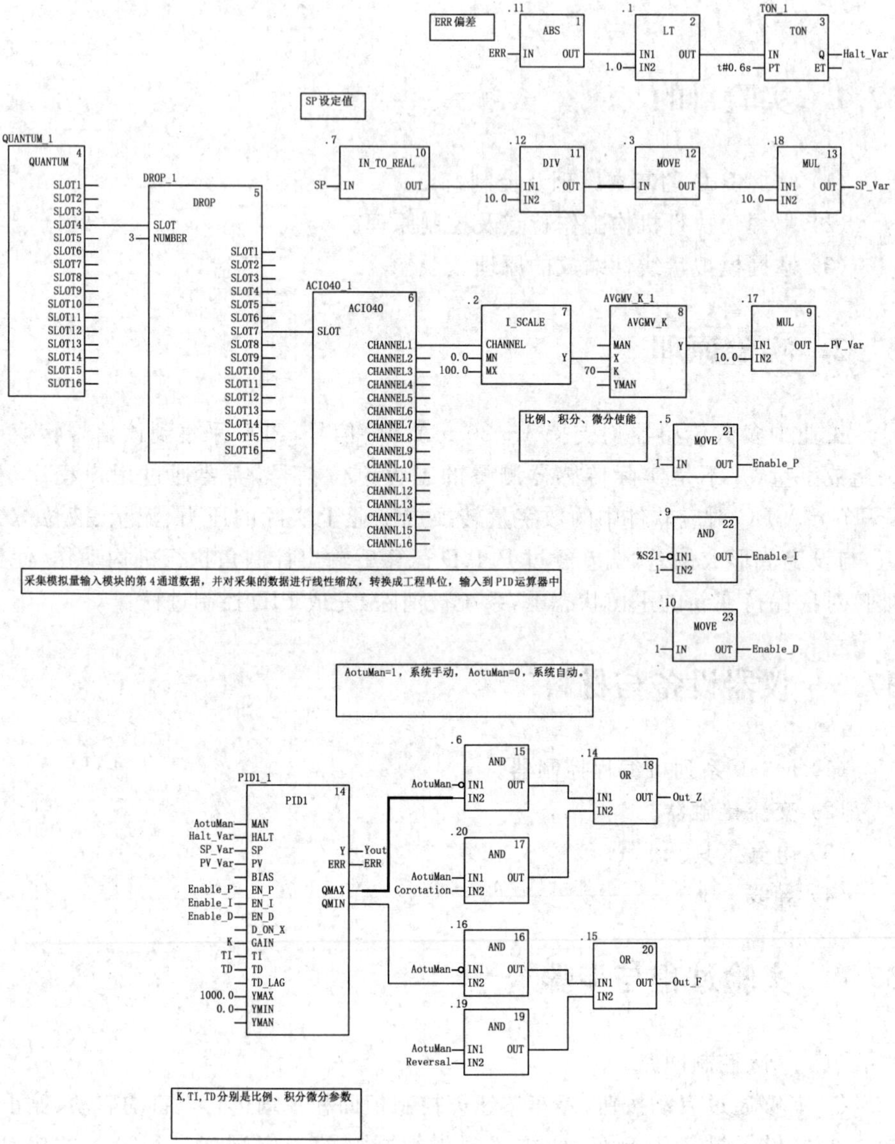

图 37-1　参考梯形图

(5) 按学院要求及实验指导书完成实验报告

37.5 思考题

(1) 简述定时器、计数器的定义、种类以及作用。

(2) 简述设备之间闭锁关系的定义及作用。

(3) 简述预告的定义及作用。

附录　本科实验报告

________________________实验项目

学　　院____________________________

专业班级____________________________

学生姓名____________________________

学　　号____________________________

指导老师____________________________

矿物加工教研室制

年　月　日

实验报告格式（　　）

实验项目名称：

开课实验室：　　　　　　　　　　　　　　　　　　　　　　　　年　月　日

<table>
<tr><td>学院</td><td></td><td>年级、专业、班</td><td></td><td>姓名</td><td colspan="2"></td></tr>
<tr><td>课程名称</td><td></td><td>指导教师</td><td colspan="2"></td><td>成绩</td><td></td></tr>
<tr><td>教师评语</td><td colspan="6">教师签名：
年　月　日</td></tr>
<tr><td colspan="7">一、实验目的

二、实验原理</td></tr>
</table>

三、使用仪器、材料

四、实验步骤

五、实验过程原始记录(数据、图表、计算等)

六、实验结果及分析

实验总评成绩

学生姓名：
学　　号：
专业班级：
报告日期：

实验编号	一	二	三	四	五
实验项目名称					
分数					
指导老师			总评成绩		

参考文献

[1] 陈文敏.煤质分析结果的定性与定量审查[M].北京:煤炭工业出版社,1994.

[2] 陈文敏,刘淑云.煤质及化验知识问答[M].2版.北京:化学工业出版社,2011.

[3] 陈亚飞,姜英,陈文敏.煤炭化验结果的审核与计算[M].北京:煤炭工业出版社,2003.

[4] 戴少康.选煤工艺设计实用技术手册[M].2版.北京:煤炭工业出版社,2016.

[5] 国家质检总局检验监管司.进出口煤炭检测技术和法规[M].北京:中国标准出版社,2006.

[6] 鸡西矿业学院选煤教研组.选煤厂工艺流程的检查与计算[M].北京:煤炭工业出版社,1979.

[7] 李贤国,刘峰.选煤实用计算[M].徐州:中国矿业大学出版社,1996.

[8] 李英华.煤质分析应用技术指南[M].北京:中国标准出版社,1999.

[9] 路迈西.选煤厂经营管理[M].北京:煤炭工业出版社,1991.

[10] 马剑.选煤技术[M].武汉:武汉大学出版社,2015.

[11] 煤炭部生产协调司.煤矿采、制、化工人技术操作规程[M].北京:煤炭工业出版社,1995.

[12] 煤炭行业职业技能鉴定指导中心.煤炭行业特有工种职业技能鉴定培训教材:采制样工[M].北京:煤炭工业出版社,2006.

[13] 全国煤炭标准化技术委员会.煤炭标准及说明汇编:上册[M].北京:中国标准出版社,1997.

[14] 全国煤炭技工教材编审委员会.选煤厂技术检查与质量管理[M].北京:煤炭工业出版社,2002.

[15] 神华宁夏煤业集团有限责任公司教育培训中心.煤质化验工[M].北京:煤炭工业出版社,2014.

[16] 孙学信.燃煤锅炉燃烧试验技术与方法[M].北京:中国电力出版社,2002.

[17] 唐军.煤炭试验仪器设备、采样制样、试验方法及标准实用手册[M].哈尔滨:黑龙江文化音像出版社,2005.

[18] 王振生,李寻.选煤厂生产技术管理[M].北京:煤炭工业出版社,1990.

[19] 杨金和.煤炭化验手册[M].北京:煤炭工业出版社,1998.

[20] 中国煤炭教育协会职业教育教材编审委员会.选煤厂技术检查[M].北京:煤炭工业出版社,2007.

[21] 中国统配煤矿总公司.选煤厂技术检查规程[M].北京:煤炭工业出版社,1990.

[22] 周振英,刘炯天.选煤工艺试验研究方法[M].徐州:中国矿业大学出版社,1991.

[23] 竺清筑,石彩祥.选煤厂煤质分析与技术检查[M].徐州:中国矿业大学出版社,2004.